现代中高职一体化教育改革与服装专业数字化人才培养

陈海珍 等著

中国纺织出版社有限公司

内 容 提 要

本书分析了现代职业教育的现状，阐述了现代中高职一体化教育改革的基础理论，探讨了现代中高职一体化教育改革模式。同时详细介绍了我国服装专业数字化人才培养与中高职一体化设计、中高职一体化课程体系与数字素养融合机制，并展示了职业院校服装专业数字化人才培养中高职一体化应用案例。

本书可供职业院校服装专业的教师以及从事职业教育的研究人员、管理人员阅读。

图书在版编目（CIP）数据

现代中高职一体化教育改革与服装专业数字化人才培养 / 陈海珍等著. -- 北京：中国纺织出版社有限公司，2024.6

ISBN 978-7-5229-1790-0

Ⅰ.①现… Ⅱ.①陈… Ⅲ.①服装设计－人才培养－研究－职业教育 Ⅳ.①TS941

中国国家版本馆CIP数据核字（2024）第104561号

XIANDAI ZHONGGAOZHI YITIHUA JIAOYU GAIGE YU
FUZHUANG ZHUANYE SHUZIHUA RENCAI PEIYANG

责任编辑：范雨昕　孔会云　　特约编辑：由笑颖
责任校对：高　涵　　责任印制：王艳丽

中国纺织出版社有限公司出版发行
地址：北京市朝阳区百子湾东里A407号楼　邮政编码：100124
销售电话：010—67004422　传真：010—87155801
http://www.c-textilep.com
中国纺织出版社天猫旗舰店
官方微博 http://weibo.com/2119887771
北京虎彩文化传播有限公司印刷　各地新华书店经销
2024年6月第1版第1次印刷
开本：710×1000　1/16　印张：9.75
字数：150千字　定价：98.00元

凡购本书，如有缺页、倒页、脱页，由本社图书营销中心调换

前　言

为全面贯彻落实《国家职业教育改革实施方案》《关于深化现代职业教育体系建设改革的意见》文件精神，实践探索中高职一体化课程改革是提升职业教育人才培养质量和规格，推动职业教育高质量发展，服务高质量建设共同富裕示范区的重要环节。本书以专业标准体系建设为统领，以人才需求和教学现状为基础，以一体化培养机制探索为主线，围绕一体化课程改革核心，联合全国45所中高职院校，推进服装专业中高职一体化课程改革。首先，由"高职+中职+园区"全国多个地市区团队联合组队，实地调研了52所中高职院校；牵头成立全国职业教育纺织服装数字化产教联盟、省域服装柔性制造行业产教融合共同体，校内外组织了近30次校际、校企之间的交流。其次，深挖产业时尚化、数字化、智能化的人才需求，开展系统分析和标准研制，发布专业人才需求报告和人才培养现状报告，形成"纵向核心技能贯通、横向工作领域融通"的课程体系和教学组织模型，在一定程度上辐射长三角经济区域发展，在提升标准研究代表性的同时，为实现标准在全国的引领和示范奠定基础。最后，以数字化人才培养模式、校企合作典型案例，介绍团队推动课程改革创新、推进一体化虚拟教研组教学模式和创新方法，提炼课程改革经验、打造课程改革品牌，构建现代职业教育体系"中高职一体化方案"。

本书研究阶段得到了浙江省教育科学研究院程江平、刘冰雪等老师政策指导，华东师范大学付雪凌、宾恩林等老师学术指导，并得到了宁波北仑职业高级中学、平湖职业中等专业学校、杭州乔司职业高级中学、温州平阳职业中等专业学校、萧山第三中等职业学校、杭州美术职业学校、奉化职教中心学校、河北科技工程职业技术大学、常州纺织服装职业技术学院、杭州职业技术学院等单位大力支持。

  本书研究时间有限，总结分析受到著者水平限制，书中难免有疏漏和错误之处，敬请广大读者批评、指正。

著者

2024 年 3 月

目 录

第1章 引言 …… 001
  1.1 现代职业教育类型定位的深层次挑战 …… 001
  1.2 中高职教育一体化设计的新要求 …… 002
  1.3 服装专业数字化高技能人才培养的新需求 …… 002
  1.4 研究内容与价值 …… 003
    1.4.1 研究内容 …… 003
    1.4.2 研究价值 …… 006

第2章 现代中高职一体化教育改革的基础理论 …… 007
  2.1 现代职业教育的基本概念 …… 007
    2.1.1 中等职业教育 …… 007
    2.1.2 高等职业教育 …… 008
    2.1.3 中高职学制贯通 …… 009
    2.1.4 中高职衔接一体化改革 …… 009
  2.2 中高职衔接一体化改革的演变及特征 …… 010
  2.3 中国特色中高职一体化教育改革的内涵与意义 …… 012

第3章 现代中高职一体化教育改革模式 …… 015
  3.1 核心概念界定 …… 015
    3.1.1 一体化办学 …… 015
    3.1.2 一体化标准 …… 016
    3.1.3 一体化课程体系 …… 016
    3.1.4 一体化核心能力 …… 017
  3.2 中国特色学徒制中高职贯通模式 …… 017
    3.2.1 现代学徒制的中高职贯通模式设计的原则 …… 018

3.2.2　现代学徒制的中高职贯通模式设计的思路 ················· 019
　　　3.2.3　现代学徒制的中高职贯通模式设计的策略 ················· 025
　3.3　中高职联合办学模式 ·· 026
　　　3.3.1　中高职联合办学模式的概念和背景 ···························· 026
　　　3.3.2　中高职联合办学模式的典型案例分析 ························ 027
　3.4　区域中高职一体化模式 ·· 028
　3.5　服装专业人才培养历史变迁及变迁特征 ··································· 029
　　　3.5.1　服装专业人才培养历史变迁 ·· 029
　　　3.5.2　服装专业人才培养变迁特征 ·· 030

第 4 章　我国服装专业数字化人才培养的现状 ·· 033
　4.1　调研目的、对象及方法 ·· 033
　　　4.1.1　确定调研对象 ·· 033
　　　4.1.2　深度访谈与案例研究 ·· 035
　　　4.1.3　教育理论分析 ·· 039
　　　4.1.4　行业调研与数据分析 ·· 039
　　　4.1.5　师生参与与反馈 ·· 040
　4.2　培养现状及面临问题 ·· 042
　　　4.2.1　中高职衔接人才培养现状 ·· 042
　　　4.2.2　中高职衔接人才培养面临的问题 ································ 063
　　　4.2.3　解决中高职衔接人才培养问题的对策 ························ 070
　4.3　数字化技术变革下服装人才的现实思考 ··································· 072
　　　4.3.1　行业发展现状 ·· 072
　　　4.3.2　行业发展趋势 ·· 074
　　　4.3.3　行业人才需求变化趋势 ·· 075
　　　4.3.4　专业对应的岗位用工特点分析 ···································· 077
　　　4.3.5　专业对应的岗位用工需求分析 ···································· 085
　　　4.3.6　企业对中高职院校举办该专业的具体建议 ················ 089
　　　4.3.7　服装人才需求趋势与人才培养建议 ···························· 091

第 5 章　服装专业数字化人才培养与中高职一体化设计 ··························· 093
　5.1　服装专业核心技能与长学制培养 ·· 093

5.2 教育数字化技术驱动一体化设计 ………………………………… 095
5.3 数字化人才培养的核心问题 …………………………………… 098
5.4 产教融合共同体解决数字化技术技能培养困境的内在机理
    与功能价值 …………………………………………………… 103
    5.4.1 构建"三层次一网络"校企合作组织体系，贯通产教供
        需"主动脉" ………………………………………………… 103
    5.4.2 设计校企协同、中高职一体化人才培养，实现共同体产教
        "造血" …………………………………………………… 104
    5.4.3 联合建设服装柔性制造技术创新中心，驱动共同体产教
        "活血" …………………………………………………… 105
    5.4.4 共建服装柔性制造虚拟仿真教学资源和装备，实现共同体
        产教"输血" ……………………………………………… 106
    5.4.5 创新共同体国际交流与合作机制，激发共同体产教
        "新动力" ………………………………………………… 106
    5.4.6 发挥党建引领作用，促使共同体产教"铸魂" ………… 106

第 6 章 中高职一体化课程体系与数字素养融合机制 ……………… 109
6.1 课程体系 ………………………………………………………… 109
    6.1.1 中高职课程衔接的研究路径说明 ……………………… 109
    6.1.2 专业课程与教育部专业简介课程对比 ………………… 110
    6.1.3 合理优化企业工作领域 ………………………………… 111
    6.1.4 确立课程结构 …………………………………………… 111
    6.1.5 转化核心课程 …………………………………………… 112
    6.1.6 课程与能力对接 ………………………………………… 112
    6.1.7 延伸拓展课程 …………………………………………… 114
    6.1.8 专业课程与被调研企业岗位设置情况对比 …………… 114
    6.1.9 课程结构创新点 ………………………………………… 115
    6.1.10 课程设置 ………………………………………………… 116
6.2 数字素养融合机制的建立 …………………………………… 120
    6.2.1 数字化特征的教学条件 ………………………………… 120
    6.2.2 数字化特征的教学资源 ………………………………… 121
    6.2.3 数字素养融合的中高职一体化质量保障 ……………… 121

第 7 章　中高职一体化师资队伍建设 ········· 123
7.1　师资结构建设 ········· 123
7.1.1　师资结构对中高职教育质量的影响 ········· 123
7.1.2　中高职师资结构现状分析 ········· 124
7.1.3　中高职师资结构问题现状分析 ········· 124
7.2　师资队伍数字素养建设 ········· 125
7.2.1　师资队伍数字素养的现状与问题 ········· 126
7.2.2　中高职师资队伍数字化素养建设策略 ········· 128
7.3　师资建设机制 ········· 129
7.3.1　构建多元聘用机制 ········· 129
7.3.2　构建评价考核机制 ········· 130
7.3.3　构建激励保障机制 ········· 130
7.3.4　构建培训提升机制 ········· 131

第 8 章　职业院校服装专业数字化人才培养中高职一体化应用案例 ······ 133
8.1　"数智孪生，产教融合"为特色的中高职一体化服装专业人才培养模式探索与实践 ········· 133
8.1.1　主要解决的教学问题 ········· 134
8.1.2　解决问题的思路和方法 ········· 134
8.2　"标准引领，匠艺相生"为特色的中高职一体化服装技术教育课堂革命 ········· 137
8.2.1　双方明确职责与分工 ········· 138
8.2.2　校企联合创新、校企协同育人机制 ········· 138
8.2.3　共同确定人才培养目标定位 ········· 139
8.2.4　联合研制人才培养方案 ········· 139
8.2.5　共同构建专业核心课程体系 ········· 140
8.2.6　联合开发课程教学资源 ········· 141
8.2.7　创新教学组织形式 ········· 141
8.2.8　创新考核评价方式 ········· 142

参考文献 ········· 145

第1章 引言

1.1 现代职业教育类型定位的深层次挑战

中高职一体化改革一直以来都是我国职业教育改革的热点，同时也是难点。中国共产党中央委员会办公厅（以下简称中办）、中华人民共和国国务院办公厅（以下简称国办）《关于推动现代职业教育高质量发展的意见》指出："要一体化设计职业教育人才培养体系，推动各层次职业教育专业设置、培养目标、课程体系、培养方案衔接，支持在培养周期长、技能要求高的专业领域实施长学制培养。"中办、国办《关于深化现代职业教育体系建设改革的意见》再次强调："支持优质中等职业学校与高等职业学校联合开展五年一贯制办学，开展中等职业教育与职业本科教育衔接培养。"教育部等九部门印发的《职业教育提质培优行动计划（2020—2023年）》强调要"加快构建纵向贯通、横向融通的中国特色现代职业教育体系"。近年来，中高职一体化改革实践一直在持续，随着职业教育政策的出台以及部分关于中高职教育政策的落实，宏观政策意图与改革实践效果之间的落差仍然客观存在。

在我国数字经济发展、产业数字化转型升级的阶段，专业内探索构建中高职一体化人才培养可行方案，实现专业中高职一体化发展，是当前我国中高职教育改革发展的重要内容，也是我们探索构建完善的现代职业教育体系的重大工程，有助于推进我国中高职一体化改革进程，打造省域、市域职业教育发展特色。

1.2 中高职教育一体化设计的新要求

职业教育营造以学生为本、全面发展的一体化改革氛围，从20世纪末着眼于为中职学生寻找升学路径的一体化，到新发展阶段以长学制人才培养助力经济社会高质量发展的一体化，"以学生为本"始终是中高职一体化改革不变的目标。只是在新发展阶段，以学生为本的内涵更为丰富，除了升学机会这个不再稀缺的资源外，更应注重在一体化长学制培养过程中发展学生的能力，将促进学生的全面发展作为中高职一体化改革的根本。

第一是学生和家长的要求。据浙江省教育科学研究院开展的2020届全省中职毕业生调查，目前中职学生继续升学的意愿较为强烈。在参与调查的93580名中职毕业生中，升学毕业生人数占比达69.7%（含技师学院）。在被调查的15184名就业毕业生和6978名待业毕业生中，60.9%的就业毕业生希望以后有机会能进入高校继续深造，61.3%的待业毕业生表示目前正在为继续升学做准备。

第二，从为中职生提供高等教育机会的角度来看，专业中高职教育间的衔接与沟通，将会使中职生拥有更多接受高等教育的机会，这在给中职服装教育发展带来活力的同时也为高职服装相关专业教育发展提供"后备力量"，带动高职教育的发展，进而完善职业教育体系。

第三是优化办学体系，提升人才培养"契合度"。坚持一体设计、学段衔接、技能递进，积极推进中职与高职、高职与职业教育本科贯通式培养。逐年提升长学制人才培养占中职招生的比例，稳步推进本科层次职业教育试点，支持本科层次试点院校结合产业需要增设职教本科专业，遵循教育规律、教学规律、人才成长规律，进一步提升人才培养质量，满足人民对办满意职业教育的要求。

1.3 服装专业数字化高技能人才培养的新需求

纺织服装产业是我国传统优势产业之一，民生支柱产业，已然跃升为世界级工业制造平台。当下我国纺织服装产业发展环境和形势正在发生深刻的变化，既面临数字变革、技术升级、消费升级等重大机遇，也面临外迁、外需双重冲击。科技、时尚、绿色的新特征和新趋势越来越鲜明，正抓紧推进产业链、创新链、价值链"三链"协同，加快推动数字化、融合化、绿色化、国际化"四化"转型，打造具有决定供需影响力和自主完整产业链把控能力的世界级现代纺织服装产业集群。（摘自《浙江省现代纺织服装产业集群"十四五"规划》）由此，产业从外延扩张到内涵式发展的转型升级，服装技术技能的高移化和多样化成为一线工作人员发展的必然趋势，需要培养大量熟悉新技术、新材料、新工艺，掌握数字化智能制造流程的职业教育人才支撑产业转型升级的实现。

浙江省、广东省、江苏省和山东省等职业教育"大省"，聚焦数字经济"一号工程"、科教融汇和产业链提升，在专业设置上优先向数字经济等战略性新兴产业倾斜，现代农业、先进制造业、现代服务业等领域占比持续优化，职业教育人才需求持续扩大。社会变革需要基于新发展阶段的人才需求实际来设计专业课程与教学体系，创设一体化的政策保障体系，实现高素质技术技能人才中高职一体化培养。以浙江省服装类专业为例，中高职毕业生累计达15万人，就业留浙率达到97%（统计来源：省招生就业平台数据和中职院校在校生调查数据），是纺织服装产业的生力军、主力军。服装类专业中高职一体化人才培养改革是应对我国打造世界级现代纺织服装产业集群引发的对具备时尚素养、技术技能复合型、可持续发展力的人才迫切需求的必然选择。

1.4 研究内容与价值

本研究基于服装类专业中高职一体化课程改革的现实需要，以我国现代纺织服装产业集群发展为背景，研究时尚服装产业新兴岗位、拓展岗位与传统从业岗位对职业能力需求的变化，回答当下中高职人才培养是否匹配产业发展的问题，进而研究以职业能力为导向，中高职一体化专业标准研制的路径，并分析省域中高职课程衔接短板，探索产教融合与教学设计模式等问题。

1.4.1 研究内容

（1）基于现实主义能力本位观的现代职业教育体系中高职衔接的思想

提取。

①从教育维度提取现代职业教育体系中高职衔接机制、理论和技术，以现实主义能力本位观的视角，诠释新职业主义时代中高职办学定位、人才培养目标、一体化协同教育体系的全新逻辑，形成服装类专业中高职一体化定位和目标。

②从产业维度提取现代职业教育体系中专业人才培养层次、面向岗位、基本特征等"纵向差异"，职业教育与普通教育从技术标准、学术标准及其综合素质、能力培养要求等"横向差异"，为中高职一体化职业能力内涵分析提供理论支撑。

③从人的发展维度提取现实主义能力观中职业能力的发展逻辑、工作诀窍和知识有效累积的机制，以突破学科知识框架束缚，建立中高职课程递进衔接逻辑。

（2）基于现实主义能力观的中高职一体化理论构建。

①通过对现实主义能力观相关职业能力内涵、职业知识结构、衔接体系设计范式问题的思想学习，梳理其"实践化理论知识""碗形职业发展模型""基于工作任务分析"等创造性概念的能力本位思想内涵；提取工作任务与职业能力分析范式进行适用性和有效性分析。

②现实主义能力观聚焦课程开发技术，包含课程组织模式、课程内容、教学模式等问题的探讨，为中高职衔接设计提供理论支撑。本研究通过对其有效工作任务分析方法的引入、中高职横向衔接模块化组合逻辑的引用、中高职衔接纵向一体化设计的借鉴、"碗形"课程模式的衍生，推演出服装类专业中高职一体化课程体系构建的横向衔接逻辑和纵向贯通逻辑，分析其影响因素，形成适用于服装设计与工艺专业中高职衔接的课程框架和教学组织模型。

（3）基于时尚服装产业的服装类专业职业能力标准构建。以现实主义能力观的有效的工作任务分析方法的引入，通过全国时尚服装产业调研、专家座谈等分析提出省域职业能力标准的关键要素和结构。

①提出行动范式、职业能力、工作诀窍和知识累积的内在规律，通过对专家型员工的访谈或问卷调查，获得服装类相关岗位的描述、能力水平的描述、工作任务的描述等，分析其岗位群中工作体系结构。以中高职一体化课

程开发的视角，提出时尚服装产业所需的复杂岗位分解为典型工作任务的路径和逻辑关系。

②提出工作任务与职业能力转换逻辑，分解任务成理论知识、实践知识和技能要求等，形成基于省域时尚服装产业需求的服装设计与工艺专业职业能力标准。

（4）基于省域教学现状的服装类专业中高职一体化专业标准构建。以现实主义能力观的职业知识结构、实践的行动逻辑，提出"教师、教材、教法"等相关标准。

①提出"三段式"课程模块化组合逻辑，文化基础课、专业基础课和职业能力训练课以模块形式进行设计组合，并基于实践导向的教学组织范式，提出课程模块在现代学徒制培养、职业技能等级证书获取等方面横向衔接模式。

②以中高职五年课程的编排递进为出发点，提出专业方向、课程内容纵向衔接模式，并联动国家专业标准、职业标准，针对中高职专业教学存在的问题，形成数字化特征、一体化设计的专业标准。

（5）基于学生职业能力发展逻辑的专业人才培养方案指导性意见。以现实主义能力观的职业能力发展逻辑透析学生的职业能力发展水平内在动因，提出岗位任务组织规律、学习规律、教学规律之间的理论关联，分析专业方向、课程设置、课时比例、实习标准等产教融合路径，形成服装类专业中高职一体化人才培养方案指导性意见。

（6）基于产教融合、实践导向课程模式的本专业核心课程标准制定。遵循能力本位课程设置要求的基础上，提出学生职业生涯发展中核心职业能力和核心课程。

①参考已有的职业标准和职业资格证书等建设双证融通课程，综合考虑职业资格证书内容体系的特点进行设置，从工作任务、技能要求和相关知识等三个维度，融合课程内容和职业资格证书内容，以教学质量为出发点，制订双证融通课程教学实施方案、考核方案。

②以国家新颁布的新专业目录和职业大典等相关规定和要求为标准，以服装设计和服装技术等典型工作任务为切入点，提出中职、高职区域联合教研机制，解决新岗位、新技术等变革对校企合作、产教融合的影响。

1.4.2 研究价值

1.4.2.1 学术价值

（1）基于时尚服装产业职业可持续发展的内在规律研究，提出省域服装类专业中高职"三二分段"模式人才培养与产业发展匹配性问题，进一步丰富职业教育中高职一体化的理论内涵。

（2）对时尚服装岗位任务组织规律、学习规律、教学规律进行整体分析，建构复杂职业能力与职业知识转化机制，总结课程内容、课程组织、课程展开逻辑等中高职衔接的规律。

（3）探索地方专业标准与国家专业标准、职业标准的联动机制和区域行企、中职、高职院校产教融合共同体的模式，为新时代中高职一体化课程体系建设提供更有价值的指导。

1.4.2.2 应用价值

（1）基于时尚服装产业的时尚化、数字化、智能化等业态调研，形成具有时代特征时尚服装行业岗位结构分析表，并规范技术术语、任务术语和课程术语，为追踪业态变化更新专业课程提供可复制可推广的研究方法。

（2）调研龙头企业的同时，根据省域时尚服装产业实情，吸纳专精特新、"小巨人""隐形冠军"等中小微企业的调研，建立复合岗位、"一岗多能"等职业能力分析方法，实现本研究紧贴纺织服装产业转型升级，聚焦高质量就业。

（3）建立服装类专业中高职一体化专业教学标准和人才培养方案指导意见，规范中职院校师资、教学条件和实训条件，实现教育各要素的最优化组合，达到教学效率的最大化。

（4）建立区域中高职院校联合教研机制，形成"课程研究—试点追踪—质量评价—动态调整"的闭环质控体系，实现人才培养方式根本性改革，为建设新时代中国特色现代职业教育体系和理论提供现实参考。

第2章 现代中高职一体化教育改革的基础理论

2.1 现代职业教育的基本概念

2.1.1 中等职业教育

中等职业教育（简称中职教育）是指在高中教育阶段进行的职业教育，也包括一部分高中后职业培训，是我国职业教育的主体。其定位就是在九年义务教育的基础上培养数以亿计的技能型人才和高素质劳动者。

中等职业教育学校招收初中毕业生，学制一般四年，也有部分学制为三年；少数专业招收高中毕业生，学制二年。这类学校主要培养生产第一线的中等专业技术人才，要求学生在相当于高中及中等专门人才必备的文化知识基础上，掌握本专业的基础知识、基本理论和基本技能，具有解决问题的能力。

此外，中等职业教育分为学历教育和非学历教育，学历教育属于高中阶段教育，包括职业高中、普通中专、成人中专、技工学校（含技师学院）四类学校，按要求毕业后可取得中职学历；非学历教育包括中等职业学校、职业技术培训机构的资格证书培训与岗位证书培训。

中等职业教育具有以下几个特点：

（1）培养技能型人才。中等职业教育注重培养学生的实践技能和实际操作能力，使学生具备一定水平的职业技能，为就业做好准备。

（2）强调实用性。中等职业教育强调所学知识的实用性和应用性，要求学生掌握所学专业的实用知识和技能，能够在实际工作中运用所学知识解决实际问题。

（3）多种学制并存。中等职业教育有多种学制，包括三年制、四年制等，根据专业的不同和学生自身情况选择合适的学制。

（4）普及性强。中等职业教育在我国的教育体系中占有很大比例，普及性强，面向广大学生开放，为学生提供了多种学习途径和发展机会。

（5）与市场需求紧密相关。中等职业教育与市场需求紧密相关，根据市场需求调整专业设置和课程安排，以适应经济发展和行业变化。

2.1.2 高等职业教育

高等职业教育（简称高职教育）是我国教育的重要组成部分，包括高等职业专科教育、高等职业本科教育、研究生层次职业教育，是教育发展中的一个类型，肩负着为经济社会建设与发展培养人才的使命。

高等职业教育的主要特征包括：

（1）培养面向生产、建设、服务和管理第一线需要的高技能人才。

（2）坚持"以服务为宗旨，以就业为导向，走产学结合发展道路"，强调对职业技能的培养。

（3）以人为本，就业是民生之本，因此职业教育在一定程度上就是就业教育。

我国高等职业教育已经形成了涵盖专科、本科、硕士、博士四个层次的相对完整的体系。高等职业教育发展为专科层次职业教育、本科层次职业教育和研究生层次职业教育（专业学位研究生教育）三个层次的现代职业教育。

高等职业教育以其独特的优势，在当今社会中发挥着越来越重要的作用。首先，高等职业教育更加贴近市场需求，其课程设置和教学内容紧跟行业动态，为企业提供所需的技术和管理人才。其次，高等职业教育的课程设置灵活多样，学生可以根据自己的兴趣和职业规划选择合适的专业和课程，实现个性化发展。此外，高等职业教育注重实践操作，学生能够接受系统而深入的职业培训，掌握实际操作技能，提高动手能力。同时，高等职业教育毕业生就业前景广阔，毕业后能够快速晋升，获得更好的职业发展机会。高等职业教育的学制和学费相对较低，让更多人有机会接受高质量的职业培训，为社会培养更多优秀的人才。综上所述，高等职业教育以其市场导向性强、课程设置灵活、实践操作丰富、就业前景广阔、学制学费合理等优势，成为越来越多学生的选择。

2.1.3 中高职学制贯通

中高职学制贯通是指中等职业学校和高等职业院校根据社会经济发展和行业企业需要，共同研究、整体设计并贯通实施的技能型人才培养模式。学制为五年，学生通过前三年的中职阶段学习，并在学完第一年的课程后经学校组织的甄别合格后，进入高职阶段学习。学生在规定学习年限内，完成教学计划规定的全部课程，成绩合格，可同时获得中等职业学校和高等职业院校毕业证书。

中高职学制贯通有利于实现中等和高等职业教育的有效衔接，提高教育效率和教育质量。学生在中等职业学校完成一定阶段的学习后，可以直接进入高等职业院校继续深造，避免了传统模式下学生需要重新适应新环境和学习方式的困扰，提高了教育的连续性和稳定性。中高职学制贯通能够更好地满足社会对技能型人才的需求。随着经济的发展和产业结构的升级，社会对技能型人才的需求越来越迫切，而中高职学制贯通能够更好地适应这种需求，培养出更多具备专业技能和知识的高素质人才。中高职学制贯通还有利于学生的个人发展。学生可以在更广阔的平台上选择适合自己的专业和课程，实现个性化发展，同时也有利于提高学生的综合素质和就业竞争力，为学生未来的职业发展打下坚实的基础。

要实现中高职学制贯通的顺利推进，需要认真审视社会现状，依据教育规律开展教育资源的统筹分配、教育评价体系改革等政策制度的顶层设计，进而推进中高职院校之间深层次的合作和一体化改革，联合开展系列进阶的专兼教师教学能力培训和素质提升培养，同时还需要与时俱进，与产业发展同频、与社会需求同向、与人类进步同行。

2.1.4 中高职衔接一体化改革

中高职衔接一体化改革是指中等职业学校和高等职业院校在专业设置、课程内容、教学形式等方面进行深度融合，形成贯通一体的教育体系。这种改革旨在打通中职和高职之间的壁垒，提高职业教育的整体质量和水平，更好地满足社会对技能型人才的需求。

中高职衔接一体化改革的目标是实现中等和高等职业教育的有效衔接，提高教育效率和教育质量，同时也为了更好地适应经济社会发展的需要。这种改革的具体实施形式包括但不限于"3+2""3+3"和"3+4"等学制，以及在课程设置、教学内容、教学方式等方面的改革。

中高职衔接一体化改革的意义在于，它能够更好地满足社会对技能型人才的需求，提高职业教育的整体质量和水平，同时也有利于学生的个人发展。这种改革有助于实现中等和高等职业教育的有效衔接，提高教育效率和教育质量，为学生的个人发展提供更好的机会和条件。

然而，中高职衔接一体化改革也面临着一些挑战。例如，中职和高职在运行体制上隶属不同管理主体的问题仍未改变，中高职衔接一体化在实际工作中存在培养目标模糊、教学标准不一、课程内容重复等问题，以及学校场域以外的区域教研、招生、评价等管理与保障问题。因此，要实现中高职衔接一体化改革的顺利推进，需要深度探究教育改革本源，梳理已有院校资源和合作基础，进一步加强政策引导和制度建设，"对症"提高教师的专业素质和能力水平，同时还需要全社会给予支持和参与。

2.2 中高职衔接一体化改革的演变及特征

中高职教育理念经历了从"职业准备教育"到"终身教育的阶段"转变。中高职衔接作为现代职业教育体系的重要组成，其学制体系研究经历了"五年一贯制""三二分段""二三分段"等模式，研究认识从"中高职贯通"到"中高职衔接"，中高职衔接研究从"课程体系一体化"到"专业教学标准一体化"。研究者们频繁使用"递进、层次、逻辑、系统"这些词，无一例外都是希望能够对中职与高职的课程进行一体化的建设，既需要外部机制的保障，也需要中高职内部的合作沟通，即以政策为牵引，以"3+2"承办学校为主体形成"高职以中职为基础，中职以高职为导向"的良性对话。

近年来，在国家、部分省市教育政策引导下，各地区院校开展了地方特色的中高职衔接模式试点。浙江省2000年开始了"3+2"一贯制职业技术教育试点招生，这是有别于传统的高职承办"五年一贯制"的"3+2"学制试点，随后直接催生了一系列相关的研究，这是对"3+2"学制的理论和实践的重大完善。广东省 2010 年开始推进"三二分段"试点和对口自主招生制度，2012 年推进构建适应经济发展方式转变和产业结构调整要求，中高等职业教育纵向衔接，职业学历教育和职业培训横向贯通的现代职业教育体系，至 2021 年广东省 80 所高职院校和 275 所中职学校（含技工学校）在 1612 个专业点开展中高职贯通"三二分段"试点招生，招生规模已达到 8.6 万以上，在学制的衔接、专业对口衔接和自主招生及转段考试上都积累了很多具有可操作的经验，但课程的衔接成为该省中高职衔接的最大瓶颈，与此同时，众多学者研究主题从"中高职贯通"转变为"中高职衔接"。江苏 2012 年开展现代职业教育体系建设中高职衔接试点项目工作，以五年职业培养为范例，以课程衔接为根本，主要做法有：一是对中高职衔接试点项目联合管理、分段实施。二是一体化设计人才培养方案。三是制订转段升学方案，满足中高职衔接需求。四是师资"高配""专兼"结合。五是独立编班、规范实施中高职衔接试点项目。此后，越来越多的省市开展了中高职衔接的学制体系和课程体系改革。学制体系研究从"五年一贯制"到"3+2 分段"、从"中高职贯通"到"中高职衔接"、从"考试衔接"到"课程衔接"的转变，但是实践过程中仍存在办学规模与需求不对等、中高职衔接不畅通、保障体系不健全等问题，导致了课程体系改革成效参差不齐。

众多研究聚焦中高职衔接痛点，具体围绕以下四个问题展开。

（1）中高职割裂、脱节成因探讨，认为"中国传统文化引发的职教歧视""培养目标的文件规划有待完善""课程衔接中教师动力能力不足""课程衔接机制上管理部门缺乏沟通""课程评价体系不完善缺乏整体规划""职业教育制度政策支持保障力不足""课程衔接中教师动力能力不足"等问题。

（2）中高职衔接的本质思想是什么？衔接的纽带或主线是什么？邱孝述（2020）等以重庆市为例谈西部地区"五年制"高等职业教育人才一体化培养摒弃了以往中高职衔接教育中单纯从学制上进行的外延式衔接，以课程内容一体化为内核，提高人才培养质量。李坤宏（2022）等提出专业课程衔接是中高职贯通培养衔接的核心。实施职业教育人才贯通培养，中职学校与高职院校要依照对口专业设置课程，遵循"专业对口、课程对应、内容区分、由浅入深"的原则一体化设计中高职专业课程体系，充分体现课程结构和内容的类型定位。

（3）中高职如何进行衔接？其衔接应该体现在哪些方面？实现中高职衔接后的职业教育教育模式应该是一种什么样的体系？宋春林（2017）提出衔接"三维一体"运行机制，即系统内以高职带动中职、以高职带动地区、以中职带动地区等多元方式形成辐射区域的互动循环结构。部分专业提出了"五个一体化"，即公共基础文化课程一体化、专业通识课程一体化、专业核心课程一体化、实践教学环节一体化、考级考证要求一体化等举措方法。钱娴（2018）、朱军（2020）等提出中高职一体化课程体系目标，既要有总目标，也要有分阶段目标，课程内容做到有层次化的描述。中职的专业基础课设置以基本的知识、技术和方法为主，在专业核心课程上强化技术操作方法与规范；对高职课程体系而言，需要在延续中职课程基础上，重点对学生的技术应用能力和技术学习能力进行训练提升，专业核心课程需要强化各类技术的应用，尤其针对不断出现的新技术、新产品要及时调整课程模块。

（4）中高职一体化专业教学标准的构建问题：徐国庆（2019）、陈东（2020）等强调专业教学标准是职业教育现代化的基础。江小明（2020）等总结了我国高等职业教育的教学标准体系，冯志军（2018）总结了江苏中等职业教育教学标准体系，并创新了"三纵四横"结构化图式理论。但是，谢莉花（2020）等发现学科专业标准在教师专业标准体系方面存在缺失。

近二十年的研究与实践总结认为，中高职衔接是中高职一体化的根本，专业教学标准一体化设计是中高职衔接的关键。而专业教学标准的开发基本理念和方法支持是较为成熟的能力本位课程思想与开发技术，强调紧贴产业发展，通过有效的职业能力分析方法建立职业能力标准，进而实现职业标准与专业教学标准的融合。

2.3 中国特色中高职一体化教育改革的内涵与意义

目前关于中高职一体化的研究与实践日益增多，以学制体系和课程体系为对象的研究也引发了多视角的研究热情，对本研究有较大启发。涉及课程开发理念、课程开发技术和实践总结等中高职一体化课程体系研究为本研究提供了逻辑分析的多元参照。

一是中高职衔接的产教融合模式需要从"独立实践"推向"一体化研究"。目前的产教融合研究往往聚焦岗位能力分析和工作任务设计，仅将课程内容和教学组织模式无限趋近真实岗位情景，过度注重岗位价值而非教育价值，未将岗位任务组织规律、学习规律、教学规律整体研究，尚缺乏对"技能+时尚素养+团队协作"等复杂职业能力在课程组织层面中高职衔接机制的足够关注，也忽视了职业知识递进，尤其是实践知识累积规律的学术价值。

二是一体化标准建设需要根据我国本专业教学现状深入剖析，并结合国家专业标准，探索地方专业标准与国家专业标准、职业标准的联动机制和经验模式。相关研究多涉及中高职一体化成效和试点出现的问题反思，论及中高职一体化推动地方产业发展的作用时，学者多以毕业生问卷调查和就业数据进行简单总结，这种质量追踪的方法是值得肯定的，却没有进一步深入探索地方专业标准与国家专业标准、职业标准的联动机制和经验模式，因而尚无法为新时代中高职一体化课程体系建设提供更有价值的指导。

第3章 现代中高职一体化教育改革模式

3.1 核心概念界定

3.1.1 一体化办学

现代中高职一体化办学，是职业教育改革的一项重要举措。这种办学模式旨在打破传统中高职分裂、孤立的教育壁垒，寻求教育资源最优化配置和最大化共享。通过一体化办学，中等职业学校和高等职业院校能够更好地整合各自的优势资源，共同制订人才培养方案，构建连贯的课程体系，提高职业教育的整体质量和效益。现代中高职一体化办学具有以下特点：

（1）它以市场需求为导向，紧密结合行业发展和企业需求，培养符合社会经济发展需要的高素质技能型人才。这种办学模式注重实践教学，强调学生的实践能力和操作技能的提升，为学生提供实际的工作环境和实习机会。

（2）现代中高职一体化办学注重课程设置的连贯性和衔接性，避免了传统模式下中职和高职课程重复和脱节的问题。这种办学模式能够确保学生在中职阶段和高职阶段都能够获得系统的知识和技能，实现教育的连续性和稳定性。

（3）现代中高职一体化办学还拥有强大的师资力量和管理机制。这种办学模式注重教师的专业素质和能力水平的提升，鼓励教师参加各类培训和学习活动，提高教育教学质量。同时，这种办学模式还建立了完善的管理机制和评价反馈机制，保障学生的学习权益和管理规范，提高教育教学的质量和效益。现代中高职一体化办学是一种创新的职业教育模式，旨在打通中职和高职之间的壁垒，提高职业教育的整体质量和水平。通过一体化办学，中等职业学校和高等职业院校能够更好地整合各自的优势资源，培养出更多符合社会经济发展需要的高素质技能型人才。

3.1.2 一体化标准

现代中高职一体化标准概念是一种新型的教育模式，旨在实现中等职业教育和高等职业教育之间的深度融合。这种一体化标准旨在制定统一的教育教学标准，包括专业设置、课程内容、教学形式等方面，以提高职业教育的整体质量和水平。在现代中高职一体化标准概念下，中等职业学校和高等职业院校将共同制订人才培养方案，构建连贯的课程体系。这种一体化标准确保了学生在中职阶段和高职阶段都能够获得系统的知识和技能，避免了课程的重复和脱节。同时，这种一体化标准还注重实践教学成效，强调学生的实践能力和操作技能的进阶成果评价，而非一次性终结性评价，提升学生自主学习的动力。此外，现代中高职一体化标准概念还注重教师的专业素质和能力水平的提升。这种一体化标准鼓励专兼结合的教师团队联合教学，参加各类培训和学习活动，提高教育教学质量。现代中高职一体化标准概念的提出，是为了更好地满足社会对技能型人才的需求。随着经济的发展和产业结构的升级，社会对技能型人才的需求越来越迫切。而现代中高职一体化标准概念的实行，能够更好地适应这种需求，培养出更多具备专业技能和知识的高素质人才。总之，这种一体化标准能够提高职业教育的整体质量和水平，更好地满足社会对技能型人才的需求。

3.1.3 一体化课程体系

一体化课程体系是指将中等职业教育和高等职业教育进行深度融合，构建一个连贯、统一的课程体系。这一体系旨在打破传统教育模式中中职和高职之间的壁垒，实现教育资源的共享和优化配置，提高职业教育的整体质量和水平。在现代中高职一体化课程体系中，课程设置、教学内容、教学方式等方面都会进行一体化设计，以适应不同阶段学生的学习需求和发展特点。这种课程体系能够为教师准确把握教育方向，实践教学任务，提供实施方案和教研依据，鼓励基础课、核心课和拓展课在教学内容和方法设计上连续贯通，避免内容低级重复和方法单一的弊端，提高教育教学的效益，也能激发教师们深化教育改革的热情。现代中高职一体化课程体系还注重实践教学的突出地位，强调学生的实践能力和操作技能的提升。这种课程体系注重与企业的合作和产教融合，为学生提供实际的工作环境和实习机会，提高学生的职业素养和就业竞争力。总之，现代中高职一体化课程体系是一种创新的职业教育模式，旨在构建一个连贯、统一的课程体系，提高职业教育的整体质量和水平。这种一体化课程体系能够更好地满足学生的学习需求和发展需求，培养出更多具备专业技能和知识的高素质人才。

3.1.4 一体化核心能力

一体化核心能力是指学生在接受中等和高等职业教育过程中，需要掌握的最为重要的综合能力。这种能力包括专业能力、方法能力和社会能力等方面，是学生在未来职业生涯中取得成功所必备的技能和素质。专业能力是指学生掌握的与所学专业相关的知识和技能，包括理论知识和实践操作能力。这种能力是学生从事特定职业所必须具备的，也是中高职一体化教育中最为重要的能力之一。方法能力是指学生具备的自主学习、独立思考和解决问题的能力。在现代社会，技术更新迅速，学生需要具备不断学习、适应新环境和新挑战的能力，这种能力对于学生的职业发展和终身学习都至关重要。社会能力是指学生具备的人际交往、团队合作和沟通能力。在现代职场中，团队合作和沟通能力对于个人职业发展至关重要。学生需要学会与他人合作、有效沟通并解决人际关系中的问题，以适应职场环境。总之，现代中高职一体化核心能力概念强调的是学生的综合能力培养，旨在为学生未来的职业生涯打下坚实的基础。通过一体化教育模式，学生可以获得专业能力、方法能力和社会能力等方面的全面提升，更好地适应未来职场的需求。

3.2 中国特色学徒制中高职贯通模式

教育部公布招生数据显示，2019年至今，我国高职已扩招400多万人。为了响应高职扩招，我国取消了对中职毕业生升学比例的限制，从而打通了中职教育的"断头路"。根据北京大学中国教育财政科学研究所的2020年全国中职毕业生抽样调查，在近两万份样本中，仅有35%的中职毕业生选择就业，而65%的学生选择继续升入高等院校。尤其在长三角和珠三角等经济发达地区，中职学生毕业后直接升学的比例已超过75%，有的省份甚至达到85%以上。

随着中职毕业生主要选择升学的大趋势，应大力推广中高职贯通、中本贯通的培养模式，而不再适宜采用中职、高职、职业本科单独培养的方式。对于中职升入高职或职业本科，应避免统一升学考试的制度。

3.2.1 现代学徒制的中高职贯通模式设计的原则

在现代学徒制的背景下，广东的高职教育模式正在进行深度的改革和创新。其中，学徒制中高职贯通模式是一个备受关注的话题。为了确保这一模式的成功实施，需要遵循一定的设计原则。以下是关于系统性原则、职业性原则、发展性原则的详细阐述。

3.2.1.1 系统性原则

系统性原则在此模式中指的是对学徒制中高职贯通模式进行整体性、全面性的考虑。具体来说，这一原则要求在设计模式时，应将高职教育、学徒制，以及中高职贯通视为一个整体，而不是单独的个体。

首先，要明确各阶段的教育目标，并确保这些目标之间有逻辑的联系，而不是相互独立的。其次，教学内容和教学方法应在不同阶段进行合理的设计和规划，以保证知识传授和技能训练的连贯性。最后，系统性原则还要求对整个教育过程进行有效的监控和管理，确保各个阶段的教育质量。

3.2.1.2 职业性原则

职业性原则强调的是学徒制中高职贯通模式应与行业、企业紧密结合，以满足职业岗位的需求。在广东的高职教育中，这一原则尤为重要。

为了体现职业性原则，一方面，学校应与相关企业建立深度合作关系，共同制定人才培养方案，确保教学内容与实际工作紧密相关。另一方面，企业师傅的参与是实现这一原则的关键。他们可以为学生提供实际的工作经验和技能指导，使学生更好地适应未来的职业环境。

3.2.1.3 发展性原则

发展性原则指的是学徒制中高职贯通模式应具有一定的前瞻性和灵活性,能够适应未来职业市场的变化和发展。

随着科技的不断进步和社会的发展,许多行业和职业岗位都在发生着变化。因此,在设计学徒制中高职贯通模式时,应充分考虑这些变化,并做出相应的调整。此外,发展性原则还要求学校和企业保持紧密的沟通与合作,共同关注行业动态,以便及时对教育内容和方法进行调整。

3.2.2 现代学徒制的中高职贯通模式设计的思路

3.2.2.1 构建"政、行、企、校"四方联动的协同育人机制

在现代学徒制的背景下,政府、行业、企业和学校作为四大核心主体,各自扮演着不可替代的角色。为了更好地培养适应市场需求的高素质技能人才,这四方必须紧密合作,形成协同育人的强大合力。

政府在协同育人机制中发挥着引导和扶持的作用。首先,政府需要制定一系列鼓励和引导各方参与学徒制的政策,如财政补贴、税收减免等,激发行业、企业和学校的积极性。同时,政府还需要加大对学徒制的资金投入,为学校和企业提供必要的经费支持,确保学徒制的顺利实施。

行业在协同育人机制中发挥着指导作用。行业组织最了解市场动态和行业发展趋势,可以为学校和企业提供及时、准确的市场需求和发展趋势信息。通过与行业组织建立紧密的合作关系,学校和企业可以更好地把握市场脉搏,有针对性地调整人才培养方案,提高人才培养的适应性和竞争力。

企业在协同育人机制中承担着重要的社会责任。企业不仅需要为学生提供实习和实践的机会,还需要在实践中对学生进行有效的指导和管理。此外,企业可以与学校共同制订人才培养方案,确保人才培养与市场需求相匹配。企业深度参与学徒制,不仅能够获得政府的政策支持和资金投入,还可以提前锁定优秀人才,为自身的可持续发展提供保障。

学校作为实施学徒制的主要场所,负责对学生进行系统的理论知识和实践技能的培训。学校需要与企业密切合作,了解企业的实际需求和行业的发展趋势,及时调整课程设置和教学内容。同时,学校还需要加强对学生的职

业素养教育，帮助学生树立正确的职业观念和职业道德，提高人才培养的整体质量。

为了更好地构建"政、行、企、校"四方联动的协同育人机制，还需要建立完善的沟通协调机制。政府应定期组织四方会议，共同商讨学徒制的发展方向和面临的问题，寻求解决之道。此外，应建立一个统一的信息共享平台，以便各方能够及时获取最新的市场信息、政策动态和人才培养情况。通过信息共享，可以避免因信息不对称而导致的资源浪费和重复投入。

同时，还需要加强四方之间的资源整合与共享。政府、行业、企业和学校可以共同建设实训基地、实验室等教学资源，实现资源的高效利用。此外，可以通过开展技能竞赛、学术交流等活动，促进各方之间的深度合作与交流，提升人才培养的整体水平。

在这个过程中，我们还要注意保护学生的权益。学生是学徒制的核心受益者，他们应该享有获得优质教育资源和实习机会的权利。因此，政府、行业、企业和学校应共同制订保障学生权益的相关规定，如工资待遇、工作时间、安全保障等，确保学生在实习期间得到充分的关心与支持。

"政、行、企、校"四方联动的协同育人机制是培养高素质技能人才的重要途径。通过政府引导、行业指导、企业参与和学校实施，可以建立起一个开放、协作、共赢的人才培养体系。

3.2.2.2 以"招生即招工"为特征形成联合招生机制

在现代学徒制中，学生不仅是在校学生，也是企业的学徒。这种新型的教育模式强调学生理论知识和实践经验的结合，使他们在学习过程中能够获得实际的工作经验，从而更好地适应未来的职业发展。为了实现这一目标，招生和招工必须同步进行，以确保学生的双重身份得到充分保障。

首先，学校和企业需要共同制订招生计划和招工计划。在制订招生计划时，学校和企业应该充分考虑彼此的需求和利益，制订出既符合学校教育要求又满足企业用工需求的计划。这包括招生规模、招生标准、课程设置等方面的内容。在制订招工计划时，企业需要考虑学生的学习进度和能力水平，确保学生能够在实践中得到有效的指导和培养。学校和企业应该明确各自的职责和权益。学校的主要职责是为学生提供理论知识和专业技能的教育，培养他们成为符合社会需求的高素质人才。而企业的主要职责是为学徒提供实践机会和指导，帮助他们掌握实际工作经验和技能。同时，学校和企业也应该明确各自的权益，例如学费分配、知识产权归属等，以保障双方的利益不受损害。

在实施联合招生机制时，还需要注意以下几点。首先，应该加强学生的职业指导和就业服务，帮助他们了解自己的职业兴趣和优势，选择适合自己的专业和岗位。其次，应该注重教学质量和学徒培养质量，建立有效的质量监控机制，确保学生的学习和实践效果达到预期目标。此外，还应该加强校企合作，推动学校和企业之间的深度融合，共同培养出符合市场需求的高素质人才。

通过以上措施的实施，以"招生即招工"为特征的联合招生机制将能够更好地实现学生和企业的双赢。学生将获得更多的实践经验和就业机会，提高自身的职业竞争力和综合素质；企业将获得符合需求的高素质人才，推动企业的可持续发展。同时，这种机制也将推动教育领域的改革和创新，促进产教融合、校企合作的发展，为我国经济社会发展提供有力的人才保障。

学校和企业需要保持紧密的合作关系，及时了解市场需求和技术进步，共同调整和优化招生和招工计划。只有这样，才能确保学生获得最新的知识和技能，满足企业的实际需求。

此外，政府和社会也应该支持这种联合招生机制。政府可以出台相关政策，鼓励企业和学校开展合作，为这种机制的实施提供政策和资金支持。社会各界也应该加强对这种机制的宣传和推广，提高其社会认知度和影响力。

总之，以"招生即招工"为特征的联合招生机制是一种新型的教育模式，能够为学生和企业带来诸多好处。通过学校和企业的紧密合作、政府的政策支持和社会的广泛关注，这种机制将得到更好地推广和应用，为我国的教育和经济发展做出更大的贡献。

在未来，随着技术的不断进步和社会需求的不断变化，这种联合招生机制也将会面临新的挑战和机遇。因此，我们需要继续深入研究和实践探索，不断完善这种机制的运作方式和效果评估体系，使其更好地适应时代的发展和社会的需求。同时，我们也需要积极探索新的教育模式和人才培养方式，以培养出更多高素质、高技能的人才，为我国的发展做出更大的贡献。

3.2.2.3 围绕"互联网+"搭建学习服务与指导管理平台

随着信息技术的飞速发展,"互联网+"已经成为各行各业创新发展的重要驱动力。在教育领域,这一趋势同样明显,尤其是在现代学徒制中,利用"互联网+"搭建学习服务与指导管理平台成为实现高效、灵活学习的重要手段。

在现代学徒制中,学生既要在学校接受理论教育,又要在企业进行实践操作。这种教育模式需要强大的管理和服务体系来支撑,以确保学生能够获得全面的知识和技能。因此,搭建一个基于"互联网+"的学习服务与指导管理平台至关重要。首先,这个平台为学生提供丰富的在线课程资源。这些课程不仅应包括传统的学科知识,还应涵盖实践操作、行业前沿动态等内容。通过在线课程,学生可以在任何时间、任何地点进行学习,不再受时间和空间的限制。这不仅能有效提升学生的学习效率,还能使他们在学习中保持更高的积极性。

除了在线课程,平台还应提供远程实习功能。通过这一功能,学生可以在导师的指导下,远程参与企业的实际工作。这不仅能帮助学生积累实际工作经验,还能使他们更加熟悉行业的工作流程和规范。同时,远程实习还能有效解决学校与企业地域分布不均的问题,使更多的学生有机会参与实践。

实时互动是平台的另一重要功能。通过在线聊天、视频会议等技术,学生可以与导师、同学进行实时交流,解决学习中遇到的问题。这种互动方式不仅能有效提高学生的学习效果,还能培养他们的团队协作和沟通能力。此外,平台还应提供丰富的学习资源,如电子图书、行业报告、研究论文等。这些资源可以帮助学生深入了解学科知识,扩展他们的视野。

除了学习服务外,平台还应具备强大的管理功能。这一功能应包括学生学习进度跟踪、实习过程监控、成绩评定等内容。通过这些管理功能,学校和企业可以全面了解学生的学习状况和实践成果,为他们的学习和职业发展提供有针对性的指导和建议。

同时,通过管理功能,学校还可以有效保障学生的学习效果和权益。例如,如果学生在学习中遇到问题或困难,平台应及时提供帮助和支持;如果学生在实习中受到不公正待遇,平台应提供维权服务,保护学生的合法权益。

为了确保平台的顺利运行和持续改进,学校和企业应共同参与平台的建设和管理。他们可以定期对平台进行评估和优化,以满足学生不断变化的学习需求。同时,他们还可以通过平台收集学生的学习数据和实践反馈,为进一步改进教育模式和教学方法提供有力支持。"互联网+"为现代学徒制带来了新的发展机遇和挑战。通过搭建基于"互联网+"的学习服务与指导管理平台,学校和企业可以更好地整合资源、提高教育质量、保障学生权益,从而培养出更多具有创新能力和实践经验的人才。同时,这一平台也将推动教育领域的数字化转型,促进教育公平和优质发展。

为了更好地实现这一目标,需要在以下几个方面加强努力:一是加强信息技术研发,不断优化和完善平台功能;二是加强校企合作,充分整合学校和企业资源;三是加强教师队伍建设,提高教师的数字化教学能力;四是加强学生教育和管理,培养他们良好的数字化学习习惯和自律意识。只有这样,我们才能充分发挥"互联网+"在教育领域中的作用,推动现代学徒制的健康发展。

3.2.2.4 实施"学练交互"的学徒制人才培养过程

在现代学徒制中,学生的学习和实习是交替进行的,这种"学练交互"的方式为学生提供了更为丰富和全面的教育体验。理论知识的学习和实践技能的锻炼相互补充,使学生在学习过程中能够更好地理解和掌握知识,同时也能够提高其实践技能。

在实施"学练交互"的学徒制人才培养过程中,首先需要根据人才培养方案和学生实际情况制订详细的学习和实习计划。这个计划应该明确每个阶段的学习内容和实习任务,以及交替进行的时间安排。通过合理规划,确保学生的学习进度和实践经验的积累能够得到有效提升。在学习阶段,学生主要接受理论知识的传授。教师会根据学生的学习特点和需求,采用多样化的教学方法,如案例分析、小组讨论、角色扮演等,帮助学生深入理解所学知识。同时,教师还会引导学生将理论知识与实际工作情境相结合,提高学生对理论知识的实际应用能力。在实习阶段,学生将在企业导师的指导下进行实际操作和实践。企业导师会根据学生的实际情况和实习目标,为学生安排适合的实习岗位和工作任务。学生通过亲身参与实际工作,能够将理论知识应用于实践中，加深对知识的理解和掌握。同时，学生还能够学习到企业的实际操作流程、管理规范和工作技能等方面的知识，提高其实践技能和职业素养。

"学练交互"的学徒制人才培养过程还需要注重对学生学习效果的评估和反馈。教师和企业导师会根据学生的学习和实习表现，及时给予指导和建议，帮助学生发现自己的不足之处并加以改进。同时，教师和企业导师之间也会进行密切的沟通和协作，共同对学生的表现进行评价和反馈，确保学生的学习效果和实践经验得到有效提升。

除了教师和企业导师的指导和反馈外，"学练交互"的学徒制人才培养过程还需要注重学生的自我反思和学习总结。学生应该对自己的学习和实习过程进行记录和反思，及时总结所学知识和经验教训，为后续的学习和实践提供有益的借鉴。通过不断反思和学习总结，学生能够逐渐形成自己的学习方法和实践技能，提高自主学习的能力和职业竞争力。此外，"学练交互"的学徒制人才培养过程还需要注重培养学生的综合素质和全面发展。除了专业知识和实践技能外，学生还需要学习团队合作、沟通协调、创新思维等方面的能力。这些能力在未来的职业生涯中同样至关重要，能够帮助学生在职场中更好地适应和发展。

在实施"学练交互"的学徒制人才培养过程中，还需要注意一些关键问题。首先，要确保学生的学习权益得到充分保障，合理安排学习和实习的时间和内容，避免过度劳累或利益侵害。其次，要加强与企业的合作和沟通，建立稳定的实习基地和合作机制，确保学生能够得到充分的实践机会和指导。此外，还要注重学生的安全和健康问题，制定完善的安全管理制度和应急预案，确保学生在学习和实习过程中的安全和健康。

"学练交互"的学徒制人才培养过程是一种有效的教育模式，通过理论学习和实践操作的交替进行，提高了学生的理论素养和实践能力。在实施过程中，需要注重学生的全面发展、加强与企业的合作、保障学生的学习权益和安全等问题。只有这样才能够真正发挥"学练交互"的学徒制人才培养模式的优势，培养出更多具备专业知识和实践技能的高素质人才。

3.2.3 现代学徒制的中高职贯通模式设计的策略

3.2.3.1 确定人才培养目标

首先,要明确中高职贯通模式的人才培养目标。这需要结合行业需求、企业岗位能力要求以及中高职学生的成长特点,确保培养的人才能够满足社会和企业的实际需求。在广东地区,应充分考虑先进制造业、现代服务业等产业的发展趋势,以及新技术、新工艺对人才规格的新要求。

3.2.3.2 制订人才培养方案

根据人才培养目标,制订具体的人才培养方案。方案应涵盖中高职期间的总体培养目标、课程设置、实践教学安排、企业实习计划等,确保学生在中高职衔接过程中能够获得连续、系统的培养。

3.2.3.3 开发课程体系

根据人才培养方案,开发相应的课程体系。课程体系应注重学生职业技能的培养,强调实践与理论的结合。同时,要充分考虑中高职学生的学习特点,采用循序渐进的方式,由浅入深地设置课程,确保课程的连贯性和有效性。

3.2.3.4 实施工学交替过程

在中高职贯通模式中,应实施工学交替的教学过程。学生在校期间应定期到企业进行实习,了解实际工作流程,提高职业技能。同时,通过与企业的互动,学校可以及时了解行业动态,调整教学内容,确保人才培养与社会需求同步。

3.2.3.5 培养双导师队伍

为了更好地实施现代学徒制,需要培养一支双导师队伍。这支队伍应由学校教师和企业师傅组成,共同承担学生的教学与指导工作。学校教师应具备扎实的理论知识和教学能力,企业师傅应具备丰富的实践经验和良好的沟通能力,双方应密切合作,共同促进学生成长。

3.2.3.6 营造学练一体的学习环境

在中高职贯通模式中,应营造学练一体的学习环境。学校应建设实训基地、模拟实验室等实践教学场所，为学生提供仿真的工作环境。同时，应加强与企业的合作，建立校外实习基地，让学生在实际工作环境中锻炼技能。通过理论与实践的结合，提高学生的综合职业能力。

通过以上六个方面的策略，可以构建一个具有广东特色的现代学徒制中高职贯通模式。这种模式将有助于提高中高职教育的质量和效益，培养更多适应社会需求的高素质技术技能人才。

3.3 中高职联合办学模式

3.3.1 中高职联合办学模式的概念和背景

中高职联合办学模式是指中等职业学校与高等职业学校之间通过合作的方式，共同开展教育教学活动，以提高教育质量、推动职业教育发展的新型办学模式。

随着我国经济社会的快速发展和产业结构的不断升级，社会对高素质技术技能人才的需求越来越大。然而，传统的中职教育已经难以满足这种需求，因此需要加强中高职之间的合作，通过联合办学的方式，提高技术技能人才的培养质量和水平。此外，国家政策也鼓励中职高职开展联合办学，推动职业教育的发展。

具体来说，中高职联合办学模式可以实现教育教学资源的共享和优化配置，提高教育教学的质量和效益。同时，通过合作的方式，中职学校可以借助高职院校的教育教学资源和技术优势，提高自身的教育教学水平；高职院校则可以通过与中职学校的合作，更加深入地了解行业企业的需求和人才培养的标准，进一步优化人才培养方案。中高职联合办学模式还可以为广大学生提供更加灵活的学习方式和更加广阔的发展空间。学生可以根据自己的兴趣和职业规划，选择适合自己的课程和学习方式，实现个性化发展。同时，通过中高职之间的衔接和贯通，学生可以更加顺利地实现由中等职业教育向高等职业教育的过渡，提高自身的职业竞争力和发展潜力。

中高职联合办学模式是一种新型的办学模式，它可以实现教育教学资源的共享和优化配置，提高教育教学的质量和效益，为广大学生提供更加灵活的学习方式和更加广阔的发展空间。

3.3.2 中高职联合办学模式的典型案例分析

3.3.2.1 "五年贯通'一体化'人才培养体系构建的江苏实践"

"五年贯通'一体化'人才培养体系构建的江苏实践"是江苏省联合职业技术学院的一项重要成果，该成果荣获2022年职业教育国家级教学成果奖特等奖，这标志着江苏省在职业教育领域国家级教学成果特等奖方面的突破。"五年贯通'一体化'人才培养体系"是一种创新的人才培养模式，旨在为学生提供更为全面和深入的学习体验。在该体系下，学生将接受五年的职业教育，并通过一系列的课程和实践项目，实现理论知识和实践技能的有机结合。这种一体化的人才培养模式有助于提高学生的综合素质和就业竞争力，使他们更好地适应社会发展的需求。

该成果的实践过程在江苏地区得到了广泛的应用和推广。学院与多家企业和机构合作，共同开展课程建设和师资培训，以确保教学内容的实用性和前瞻性。同时，学院还注重学生的个性化发展，通过开展多元化的课外活动和社团组织，培养学生的兴趣爱好和特长。

3.3.2.2 职业教育集团化办学的"深圳模式"

职业教育集团化办学是促进职业教育优质资源整合、优化职业教育专业布局、深化职业教育教学改革、提高职业教育人才培养质量的重要途径。近年来，深圳市积极探索职业教育集团化办学，按照"专业设置相近、办学特色相似、区域位置相邻"的原则，选定了一批市属、区属中职学校与合作企业作为集团成员单位，组建了两个中高职教育集团。这些集团在教育教学、校企合作、产教融合等方面进行了深度合作，取得了一系列成果。

为了进一步推动职业教育集团化办学的发展，深圳市教育局提出了力争在3年左右的时间内，建成富有活力和在全国具有示范引领作用的职业教育集团，形成职业教育集团化办学的"深圳模式"。例如，深圳信息职业技术学院与多家企业合作组建了"深圳信息职业教育集团"，该集团涵盖了多个专业领域，包括信息技术、电子商务、智能制造等。通过深度合作，该集团已经在教育教学、科研开发、社会服务等方面取得了丰硕的成果。同时，该集团还积极开展国际交流与合作，与多个国家和地区的高校和企业建立了合作关系，为深圳及周边地区的经济发展提供了有力的人才保障。

作为国内经济最发达的地区之一，深圳对高素质技术技能人才的需求非常大。然而，传统的职业教育模式难以满足这种需求，因此需要创新人才培养模式，提高人才培养质量。而职业教育集团化办学正是解决这一问题的有效途径。通过集团化办学，可以实现教育资源的共享和优化配置，促进学校与企业的深度合作，提高人才培养的针对性和实用性。同时，集团化办学还有利于加强中高职衔接，提高人才培养的连贯性和系统性。

3.4 区域中高职一体化模式

在浙江区域，中高职一体化人才培养改革正在由地方人民政府统筹推进，高职院校牵头，行业、企业深度参与产教融合协同育人。这一改革旨在打通中等职业教育和高等职业教育之间的壁垒，实现教育资源的共享和优化配置，提高职业教育的整体质量和水平。

政府对这一改革项目提供了全方位的保障和支持。由于高职学校在区域内没有独立校区的实际情况，当地政府积极创造条件，划出独立区域或新建相对独立校区用于高职阶段培养。这一举措为高职教育的发展提供了坚实的硬件基础。中职学校所在地政府也积极参与到改革中来。他们承诺兜底保障高职阶段办学所需的运行经费、设备经费和高职阶段教育教学所需的工作量经费。这种承诺确保了改革的推进过程中不会因为经费问题而受到阻碍，同时也为改革的顺利实施提供了强有力的支持。

高职院校在这一改革中发挥着牵头的作用。他们与中职学校、行业企业紧密合作，围绕"高规格培养""高质量就业"的要求，共同制订人才培养方案。这种方案不仅注重学生理论知识的掌握，更强调实践技能的培养，以确保学生能够满足行业企业的需求。为了更好地实施这一人才培养方案，学生在完成学业时，需要同时取得高级工技能等级证书和至少一种 X 证书（中级以上）。这些证书是学生具备专业技能和知识的重要证明，能够帮助学生更好地融入职场，实现高质量就业。

同时，合作企业也直接参与到了学生的培养过程中。他们不仅为学生提供了实习机会，还直接安排就业或享有优先录用权。这种合作模式不仅提高了学生的就业竞争力，也为行业企业输送了符合需求的高素质人才。这一改革模式取得了明显的成效。学生的专业技能和知识得到了有效提升，就业竞争力明显增强。同时，行业企业也获得了具备实际工作经验和高素质的人才，有助于推动产业的发展和升级。

总的来说，全国各省市区域的中高职一体化人才培养改革模式是一种创新的教育模式。它通过政府、高职院校、中职学校和行业企业的深度合作，实现了教育资源的共享和优化配置，提高了职业教育的整体质量和水平。这种模式不仅为学生提供了更好的教育机会和发展空间，也为行业企业输送了高素质的人才，为区域经济的发展做出了积极贡献。在未来，区域将继续深化中高职一体化人才培养改革，进一步完善教育体系，提高职业教育的整体水平。同时，政府、学校和企业将继续加强合作，共同推动职业教育的健康发展，为区域经济的持续发展提供有力的人才保障。

3.5 服装专业人才培养历史变迁及变迁特征

3.5.1 服装专业人才培养历史变迁

服装行业作为中国传统的手工业之一，其历史可追溯至数千年前。然而，真正意义上的服装专业人才培养，却是在近现代随着产业的发展而逐渐形成的。

在中国，裁缝技艺历史悠久，从新石器时代人们已经开始学会使用各种天然纤维编织布料，并用骨针缝制衣物。随着时间的推移，裁缝技艺不断发展，到明清时期，裁缝已经细化为制作不同类型服装的专业匠人。他们学习如何根据个人的身材和需求，量身定制衣服。这种以手工技艺为基础的培养方式，虽然能够培养出技术娴熟的工匠，但受限于传统的师徒传承方式，其规模和影响力都比较有限。

到了民国时期，宁波地区的红帮裁缝异军突起，他们凭借精湛的技艺和敏锐的商业头脑，逐渐在上海等地开设了多家西服店。红帮裁缝注重技艺的传承和创新，他们的成功也标志着中国服装行业的第一次产业升级。

随着中华人民共和国的成立，服装行业得到了进一步的发展。为了满足产业对人才的需求，中国的教育体系开始为服装行业提供专业化的学历教育。一方面，技工学校和职业学校为行业输送了大量的技术工人；另一方面，高等院校也开始开设服装设计等专业，培养具备艺术素养和创新意识的专业人才。

如今，在产教融合的背景下，服装专业人才培养更加注重与产业的对接。通过引入先进的技术和设备，以及与企业合作开展实践教学，学生能够更好地掌握实际操作技能，为产业的升级提供有力的人才保障。

3.5.2 服装专业人才培养变迁特征

服装专业人才培养模式从裁缝到红帮，再到学历学位教育从五个方面体现了阶段特征的改变：

3.5.2.1 教育模式的转变

从传统的学徒制到系统的学历学位教育，服装专业人才培养的教育模式发生了根本性的变化。传统的学徒制主要依赖于师傅的言传身教，而现代的学历学位教育则通过系统的课程设置和教学方法，对学生进行全面的培养。

3.5.2.2 技能与素质并重

在红帮阶段，虽然开始注重创新思维和品牌意识的培养，但技能仍然是人才培养的核心。然而，在现代的学历学位教育中，技能培养虽然重要，但已经不再是唯一的目标。学生需要掌握全面的理论知识，同时还要培养创新思维、团队合作、沟通能力等综合素质。

3.5.2.3 研究的价值提升

在学历学位教育中，研究方法的掌握和学术素养的培养成为重要的内容。与传统的裁缝和红帮阶段相比，现代的服装专业人才不仅需要具备制作和设计的能力，还需要具备对服装领域的深入理解和研究能力。

3.5.2.4 国际化视野的拓展

随着全球化的进程，服装产业的国际交流与合作日益频繁。现代的服装专业人才需要具备国际化的视野，了解国际市场的需求和趋势，能够参与国际竞争与合作。

3.5.2.5　技术与创新的结合

在当今时代，技术进步和创新成为推动服装产业发展的关键因素。现代的服装专业人才需要掌握最新的技术知识和创新思维，能够将技术与创意相结合，推动服装设计的创新和产业的升级。

第4章 我国服装专业数字化人才培养的现状

4.1 调研目的、对象及方法

将调研作为中高职一体化课改的现实依据,设计了互联网大数据调研、毕业生问卷抽样调研、专家访谈、企业问卷调研,深入行业企业、学校开展专业人才需求调研,聚焦在今后1~3年时间内企业对服装类从业人员的就业领域、职业岗位、职业资格、知识结构、职业素质和技能水平要求,为进一步明确服装设计与工艺中高职一体化专业设置、改革、建设提供信息支持。

4.1.1 确定调研对象

4.1.1.1 术语界定

根据GB/T 4754—2017《国民经济行业分类》标准(中华人民共和国国家质量监督检验检疫总局、中国国家标准化管理委员会),服装产业是指生产经营服装产品及其可替代产品(包括服务)的企业集合。一级分类下,服装产业指纺织服装鞋帽、皮革、羽绒及其制品业;二级分类下,服装产业包括纺织服装、服饰业和皮革、毛皮、羽毛及其制品、制鞋业。

服装行业是一个集服装设计、生产、商贸、媒体、教育培训于一体的职业分工集合。

服装设计与工艺岗位群是指服装制板岗位、服装裁剪岗位、服装设计岗位、服装销售岗位、服装外贸岗位、理单跟单岗位、样衣工岗位、工艺师岗位、生产管理岗位、3D设计岗位等。

根据调研对象类别、层次,设计了四个版本的调研问卷。

(1) 互联网大数据调研。获取人才需求信息,得出目前区域内行业企业对服装职业技术领域的人才需求总量,以及行业企业对服装技术领域学历要求和岗位数量等。

(2) 毕业生问卷抽样调研。获取毕业生就业领域、职业发展通道,并通过典型案例收集,分析专业所在岗位群的内涵和外延,新技术、新工艺、新工具要求,以及中高职衔接优缺点。每所院校精选服装设计与工艺专业"3+2"和"2+3"的毕业生6~10人。问卷进行少量发放,回收后进行二次修订,再进行批量发放。

(3) 专家访谈。针对服装行业发展现状与趋势、人才结构、职业教育人才供给状况及岗位用工特点等,设置开放性问题。访谈经过五个步骤,分别是确定访谈目的、设计访谈提纲、预约访谈、正式访谈和访谈总结。其中预约访谈中先对合作紧密的主流企业人事经理、高管进行小范围的样本测试,修正提纲后再开始分区域预约访谈。

(4) 企业调研问卷。企业调查问卷面向多个省市地区,主要开展调研岗位设置、人员结构、招聘途径、岗位待遇与发展、未来用工需求等内容,企业类型涵盖了规上企业、地方品牌企业、专精特新企业、中小微企业等。

4.1.1.2 调研方法

按"文献法—访谈法—问卷法—大数据分析法—比较研究法"的步骤开展调研。

(1) 文献法。本次调研准备阶段开展了文献查阅和研究,共收集了"十二五""十三五""十四五"纺织服装行业发展规划以及省级、市级区域产业发展规划、建设方案等共计24份,知网上检索国内外服装类产业发展趋势、人才需求研究文献135份,著作12本,工业统计和商业统计数据报告8份。其中7份行业政策文件显示自2019年至今数字化技术对服装产业技术驱动的高度相关性。随后,课题组对文献调研中提到的产业现状、产业趋势和岗位新要求进行了归类分析,提炼出下一步问卷和访谈的观测要点和提纲。

(2) 访谈法。调研设计从人才需求、企业设置的工作岗位及其内容、人才能力与技能需求情况、校企合作与教学改革建议四个维度，对3个省8个地市的27家专业相关企业进行访谈。访谈按照调研团队成员所在地市分片区开展，由相应片区牵头院校负责。访谈开始前，先通过微信或钉钉事先联系受访者，表明自己的研究目的，征询访谈同意并确定访谈的形式与时间。为调动受访者参与访谈的积极性，深入挖掘访谈内容，调研采取半结构化访谈的形式进行，即在访谈过程中会根据受访者的回答情况灵活调整提问顺序，并进行适当的追问。

（3）问卷法。

①问卷目的。人才需求调研是职业教育课程开发中的基础性工作，是一体化课改的逻辑起点，结合研究需要，按照合理性等原则，制定相关调查问卷。调研的核心目的是明确本专业面向的职业岗位群，避免课程开发产生"方向性"错误。

②问卷设计。组织项目组对调研问卷设计、访谈提纲等进行集体讨论，并进行修改完善，形成从企业基本情况、岗位设置情况、岗位招聘途径与要求、岗位待遇与发展、校企合作情况、企业对中高职院校举办该专业的具体建议六个维度的问卷框架。

③问卷预测。为确保自编问卷的合理性与科学性，在问卷初步编制完成后，先在小范围内随机发放并回收16份人才需求调研问卷，随即利用统计软件SPSS26.0对问卷进行效度与信度分析，并根据预访谈情况及相关专家意见对问卷初稿进行调整与修改，形成最终版问卷。

（4）大数据分析法。查阅分析智联招聘、前程无忧51job和各区域企业网站发布的服装类招聘信息，分析行业岗位规模、岗位设置情况、学历要求等信息。查阅分析互联网中关于服装产业的新名称、术语和现象。

（5）比较研究法。对英国、美国、澳大利亚等发达国家以及上海、浙江、江苏、广东、山东等国内有代表性的省市的产业特点、优势或不足进行比较，从而获得对区域行业发展现状与趋势的正确判断。

4.1.2　深度访谈与案例研究

前期通过查阅对比浙江、山东、江苏、广东四省公布的中等职业技术学校服装设计与工艺专业教学指导方案发现，广东省的课程设置紧紧围绕地方产业发展的需求，具有鲜明的广东服装产业的特色，其中以服装设计、服装制板、服装工艺类课程为核心课，并开设服装内衣设计、营销、商贸及创业类课程；江苏省以服装设计、服装制板、服装工艺类课程为核心课，必修课程全省统一，选修课程及公共课程中的任选课由各个学校制订，体现各个学校特色；山东两省开设服装设计、服装制板及服装工艺三个方向，各个方向统一设置核心课程：服装结构制图、服装制作工艺、服装材料与应用、服装设计基础、服装CAD，并分别增设一两门方向特色课程。浙江省开设设计、工艺及营销三个专业方向，三个方向必修课统一，主要是服装材料、服装设计基础及裙装、裤装、衬衫及女外套的设计制板及工艺，各方向在必修课基础上再增加四五门方向性专业限选课程。

通过查阅对比浙江纺织服装职业技术学院、山东科技职业技术学院、江苏工程职业技术学院、广东职业技术学院四所高等职业技术学校服装设计与工艺专业人才培养指导方案发现，广州职业技术学院细分四个专业方向覆盖服装设计与营销、服装制板工艺、生产管理和针织服装设计，并将服装制板师职业技能等级证书和3个"1+X"证书融入课程中。山东科技职业技术学院专业开设现代学徒制方向，更新了时尚营销、3D虚拟服装设计、数字化效果图设计、高级定制设计、成衣定制智能设计等新业态课程。江苏工程职业技术学院在低年级平台课程中开设了创意思维课程，同时在高职阶段的专业方向课程中分了四个方向：服装设计、服装工程与管理、针织服装设计、电脑绣花设计，同时把竞赛集训项目、工作室项目实践、创新创业课程放入专业拓展课中，把创业扶持计划也放入毕业创作实践课程中。浙江纺织服装职业技术学院根据产业特色开设了服装技术、服装管理和3D设计现代学徒制方向，有着较高的产业匹配度，并融合了"职业性、个性化"的可持续发展理念（表4-1）。

但是从各省中高职专业课程纵向衔接比较中发现，广州职业技术学院、江苏工程职业技术学院中高职课程体系衔接顺畅，中职注重"宽口径、厚基础"培养，高职注重"复合型、高技术技能"培养，而浙江省中高职课程体系衔接存在着"断裂"与"脱轨"的失调现象，中职过于"低技能、窄口径"，高职注重"复合型、高技术技能"，使中职生进入高职院校学习"难度加大"，以至于"高技术技能"培养成效明显降低。

表4-1 各省的专业方向与课程设置

类型	类目	广东	江苏		山东			浙江		
中职	专业必修课程	服装材料、服装美术设计、服装结构设计与制图、服装结构成衣工艺、服装设计、服装CAD、服装市场营销、服装生产管理、服装贸易实务、服装市场调研与预测	服装造型设计、服装结构制图、服装制作工艺		服装结构制图、服装制作工艺、服装材料、服装设计基础			服装材料、服装制板工艺、裙装设计制板工艺、裤装设计制板工艺、衬衫设计制板工艺、女外套设计制板工艺		
	专业方向	无	成衣设计	样衣制作	设计	工艺	制板	设计	工艺	营销
	方向课程设置	无	服装款式拓展设计、数码绘制技术、服装立体造型	服装样板制作与放码、服装CAD制板技术、服装定制技术	服装CAD、服装立体造型设计、数码服装设计与表现技法	服装CAD、服装设备使用	服装CAD、服装制板与放码	服装色彩搭配、时装画、服装图案、服装电脑款式图绘制、裁剪立体基础	服装工业样板制板CAD、生产管理实务、成衣立裁、立体裁剪基础	服装营销、服装消费心理学、陈列设计、职场礼仪、立体裁剪基础

续表

类型	类目	广东	江苏	山东	浙江
高职	院校	广东职业技术学院	江苏工程职业技术学院	山东科技职业技术学院	浙江纺织服装职业技术学院
	开设专业方向（服装设计与工艺）	服装设计与工程1（偏向制板工艺）、服装设计与工程2（偏向生产管理）、服装设计与营销、针织服装设计	时装设计方向、服装工程与管理方向、针织服装设计方向、电脑绣花设计方向	服装设计与工艺、服装设计与工艺（现代学徒制鲁泰纺织）	时装技术、技术管理、3D设计现代学徒
	课程设置	平台课：服装结构设计与构成、服装缝制基础、服装设计基础、时装视觉表达Ⅱ（电脑）、服装材料与应用	服装数码商业图稿绘制、服装设计基础、服装设计与制作、成衣立裁	服装款式设计、电脑绘图技术、数字化服装图设计、3D虚拟服装设计、服装板型设计、高级定制设计	面料设计模块、梭织女装研发模块、针织女装研发模块、时装营销模块

4.1.3 教育理论分析

4.1.3.1 课程体系和专业标准研究与实践

张建国（2014）调研发现浙江省中高职一体化视阈下专业建设缺乏特色，与现代产业集群建设要求存在较大差距。徐平华、邹奉元（2019）等结合工程教育专业认证理念，以服装大规模个性化定制为产业背景，聚焦学生的预期学习成果，实施以社会需求为核心的反向教学标准设计，建立了以服装专业知识、信息技术、互联网技术和智能制造为主线的本科课程群。刘珽（2021）等通过法美专业教学标准对比提出尊重艺术设计教育规律，注重培养设计通用能力，体现职业特色；课程体系强调课程之间的联系与互通，充分发挥联动效应，形成一个有机的整体，系统培养设计师应具备的调研、创意开发、绘图、思辨、表达与沟通等能力；以相关能力达成为核心，制定考评标准考评是检验教学标准是否执行到位的有效方法。

4.1.3.2 人才培养模式和教学设计研究

吴世刚（2014）等提出人才培养以专业群对接产业群的方式从资源共享、产学合作方面来看优势显著。徐国庆（2016）等提出了知识导向成为职业教育教学设计的新发展，其系统性、多元性与创新性的特征，要求对教学内容进行系统化、结构化、教育化、学习化等处理。胡成明（2017）等进行了高职、中职、非遗传承基地三维协同，在教学资源、教学内容方面实施系统化、一体化人才培养模式。刘琼（2020）等以江西服装学院为例，以校企产学一体化育人模式培养服装专业应用型人才，有效促进现代服装产业链、教育链、人才链与创新链紧密结合。王一焱（2021）等总结了常州纺织服装职业技术学院以高职为主带动欠发达地区中职院校升级人才培养方案、教学设计等经验。吕玉玲（2021）等在中职服装设计与工艺专业项目化教学中，提出了课程项目化、教学过程职业化、能力综合化，构建了基于服装产业真实任务的项目化教学模式。

4.1.4 行业调研与数据分析

服装产业人才需求研究。张俊英（2016）等基于生命周期探析服装产业集群在生命周期各阶段对服务型、技术型、管理型人才需求变化。吴世刚（2014）等分析产业集群特征与人才需求对应，并将岗位群划分为技术岗位群、基层管理岗位群和营销岗位群。"十三五"期间服装产业转型升级，林江珠（2017）在石狮市产业调研中发展优秀人才不仅要有高技能，而且还要有创新意识、沟通表达、团队合作等综合性人才。近四年，服装产业加深数字化、智能化发展，徐平华、邹奉元（2019）等探析了信息技术、人工智能、先进制造等多种前沿技术对服装产业革命性影响，服装产业由生产主导型向高新技术、融合时尚艺术的高附加值方向提升，需要大量中高端、复合型人才。王珍（2018）、李桂艳（2020）等进一步提出智能化发展趋势下服装产业需要具有数据分析能力、设备开发能力、信息整合能力以及管理能力的人才。汪玲（2021）从新零售角度开展企业用人标准，提出了随着服装零售企业经营模式转变，人才的知识结构要求更合理，除了传统的运营管理技能外，还需要具有数字化设备应用、数据收集与分析等相关知识。参照《2021服装行业科技创新白皮书》《中国服装行业"十四五"发展指导意见和2035年远景目标》《现代纺织服装产业集群"十四五"规划》《时尚产业人才发展规划》等产业研究和相关政策文件，本研究认为服装产业从外延扩张到内涵式发展的转型升级，对时尚服装行业岗位的技能要求、时尚素养、团队协同等要求向纵深与广度发展，完善省域服装专业中高职一体化人才培养机制具有现实性、紧迫性。

4.1.5　师生参与与反馈

聚焦服装专业中高职一体化培养，立足产业转型升级和经济社会高质量发展需要，开展了教师调研、毕业生调研，共发放毕业生问卷1000份，有效问卷983份，组织团队专家成员有序开展分析和总结，在此基础上，运用在专业教学标准开发中形成的逐层推进分析方法，以会议研讨的形式对归纳总结的岗位群中需要完成的任务进行分解，随后，收集来自8个省市地区的302名中高职教师教育教学模式进行调研，最后由研究组对完成这些任务需要的职业能力、教育教学模式等进行深度、系统分析。

调研毕业生数据显示，服装设计与工艺专业为主的服装类中高职衔接人才培养的模式中类型占比，单考单招人才培养模式占比最大，达36.12%，成为中职学生上升通道的主流人才培养模式。五年一贯制人才培养模式仅占比24.23%，普通高考占比仅次于单考单招，其他占3.41%，其中中本一体化人才培养模式刚刚启动阶段，毕业生数量较少，如图4-1所示。

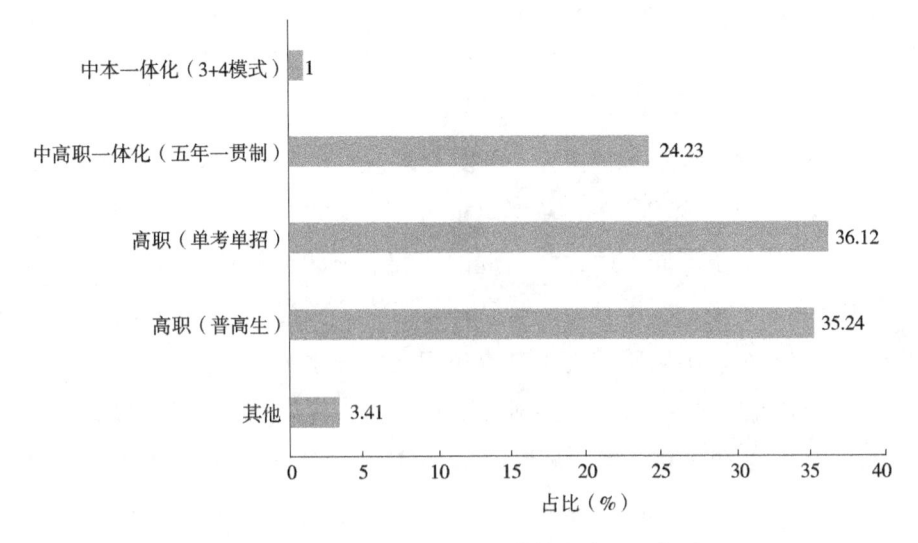

图4-1　中高职衔接人才培养模式占比示意图

毕业生在服装专业教学情况的满意度评价方面（图4-2），学生在课程衔接度、课程分布合理性、学习层次递进性和课程内容重复性四个方面分布做出了评价，对中高职课程衔接的满意度较高，但课程重复性过高。

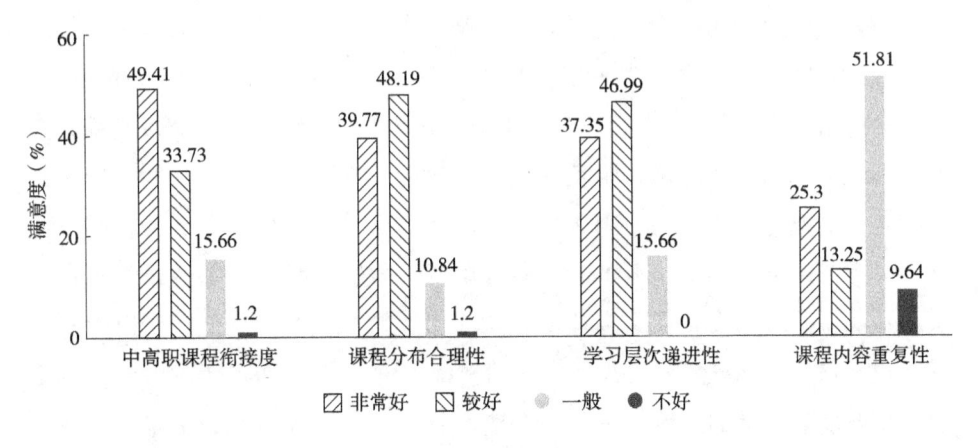

图4-2　毕业生满意度评价

4.2 培养现状及面临问题

4.2.1 中高职衔接人才培养现状

4.2.1.1 中高职衔接人才培养的模式

中高职教师调研样本中显示，服装类专业共有中职三年高职三年（普高生）、3+2中高职一体化、3+3单考单招四类不同的学生。所处阶段不同，学生专业基础的起步不同，过程中掌握的服装专业知识储备占比也参差不齐，如图4-3所示。通过整体对比，知识阶段越高，四个阶段的学生具备专业知识能力占比越少。中职阶段学生基本停留在中级水平，高职三年（普高生）略好于中职阶段，3+3、3+2在专业上升中更具有优势。在中职阶段，同样是专业零起点，高职（普高生）理论占比85%；技能占比80%，中职三年学生理论占比77%；技能占比78%，对比而言普高生学习能力比中职阶段学习能力要强。3+3的知识储备能力一直优于3+2的学生，在四个阶段对比中，3+3的知识储备能力是最高的，其次是3+2，高职（普高生）在理论层面学习优于3+2，在技能方面略逊于3+2，对比而言，中职三年的学生理论与实践而言是最低。

高职教师调研样本中显示，3+2中高职一体化学生与3+3单考单招学生在高职段的学习能力有着一定的差异，从专业素养、可持续发展能力、学习能力、学习态度、综合能力来看，3+3单考单招学生都占比在90%及以上，3+2中高职一体化学生占比在75%~85%，如图4-4所示，学习态度与综合能力，两者相差比较多。在高职教师深度访谈中，高职教师普遍认为，3+3的学生各方面能力都比较好，3+2的学生没有经历单考单招的考试，在高职段中，学习态度上进心明显不如3+3单考单招的学生。因为3+2的录取率比较高，在高中阶段的文化课与专业课程属于过关考试，淘汰率低，所以大部分学生以及格作为标准线。访谈中，高职教师也肯定了3+2竞赛班中的拔尖学生，不会受到高考的影响，三年中职潜心练技能，进入高职的两年也不负众望，能继续竞技各类比赛。

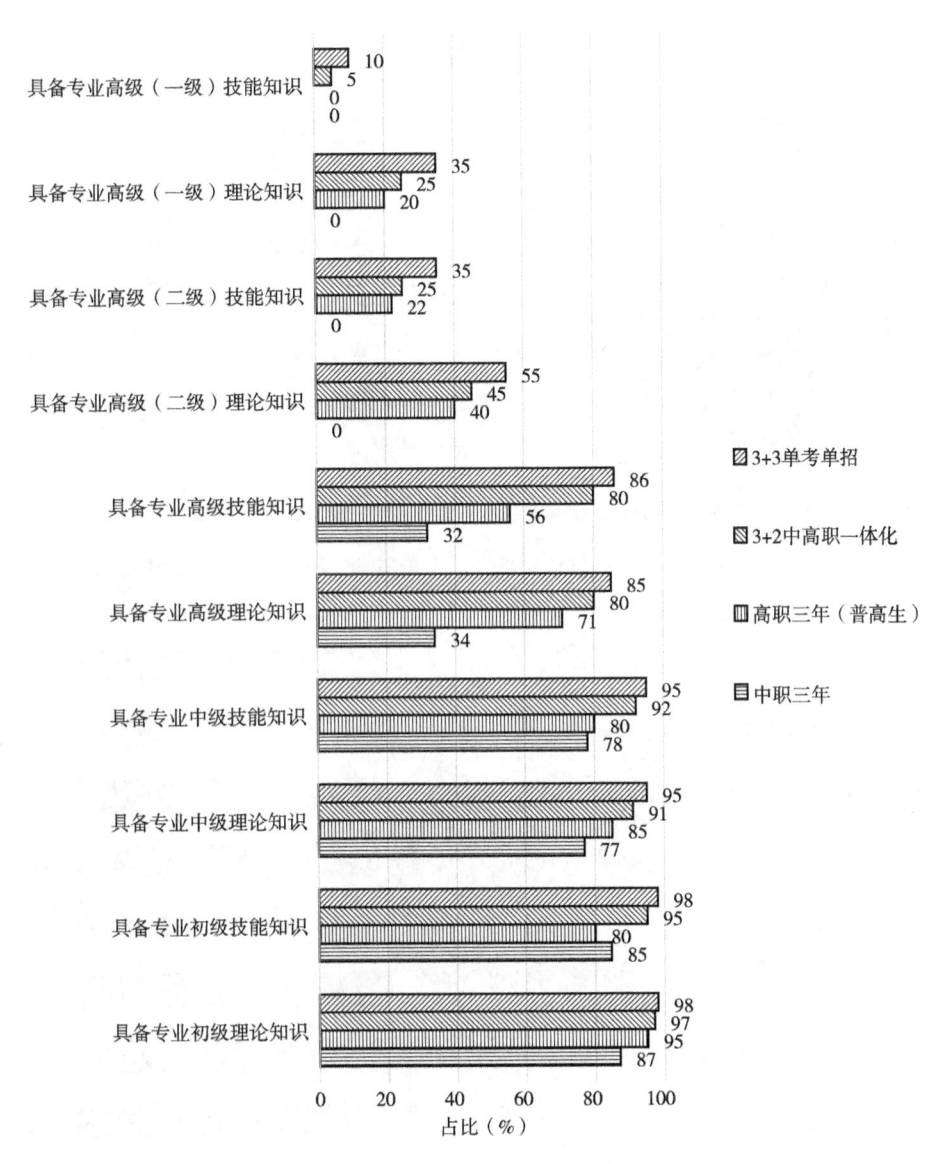

图 4-3　中职、高职、3+2、3+3 四个类别学生的知识储备占比示意图

中高职教师调研样本中显示，2020～2022 年连续三年服装类专业单考单招升学考试的情况进行满意度评价调研显示，总体比较满意，单招单考的选拔考试，对于中高职学生个人发展增加了一条上升路径，如图 4-5、图 4-6 所示。

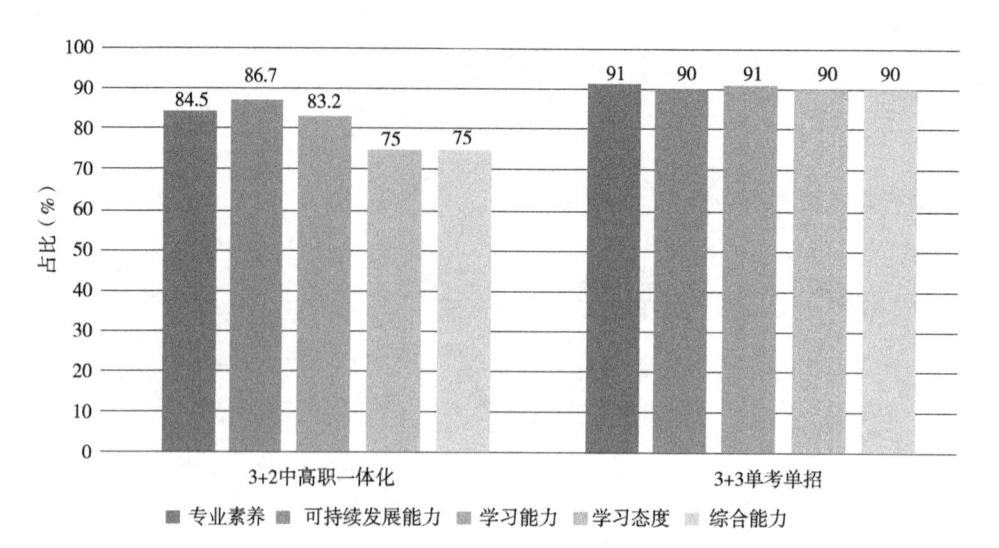

图 4-4　3+2 中高职一体化与 3+3 单考单招学生能力的对比示意图

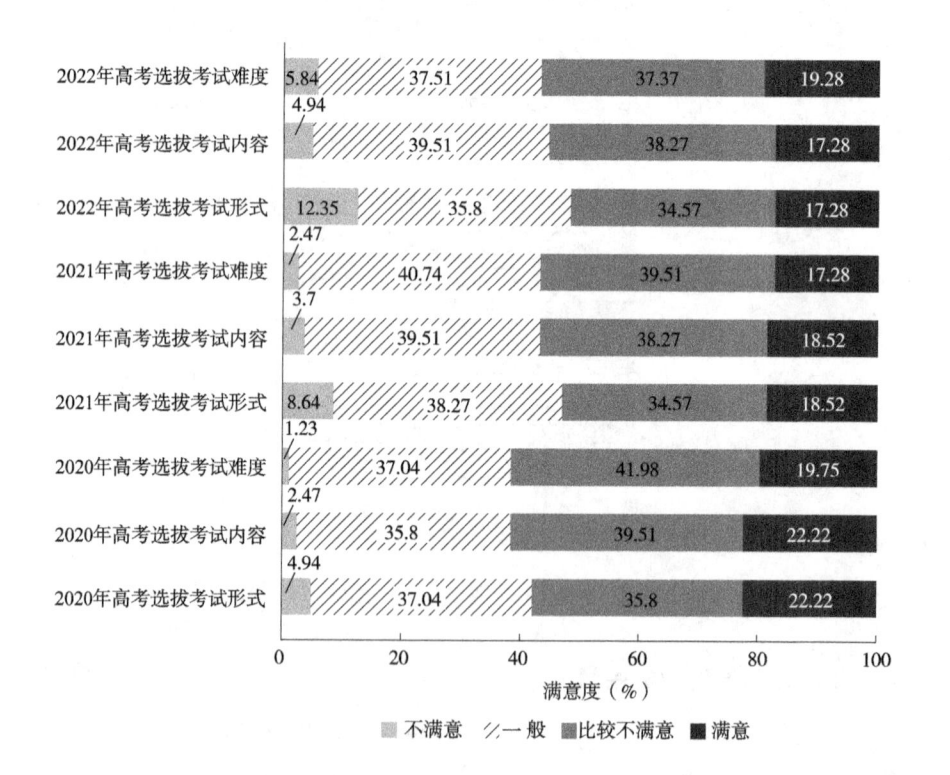

图 4-5　中职教师单招升学考试的满意度评价调研样本

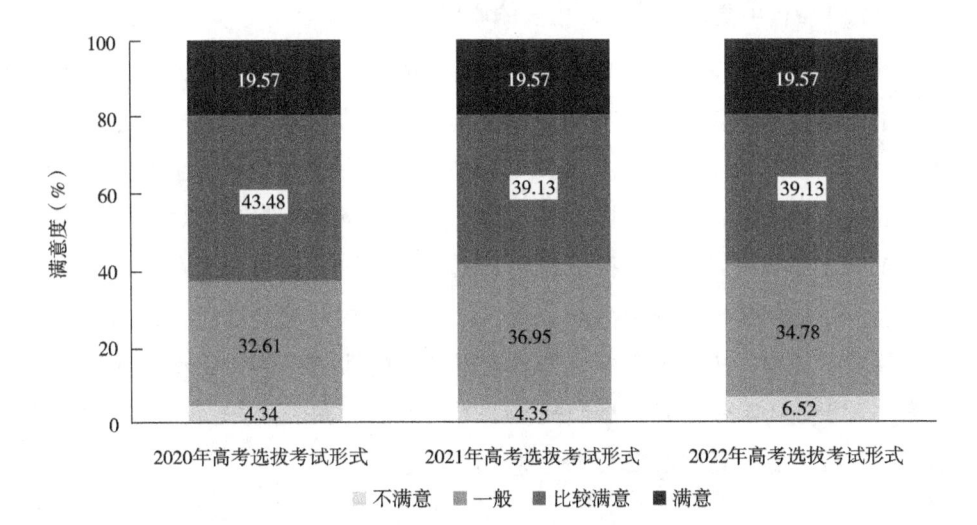

图 4-6　高职教师单招升学考试的满意度评价调研样本

目前中职学校开办服装类专业，主要是服装设计与工艺；中职升学到高职对应多个专业（图 4-7），在深度访谈中了解到，单考单招作为选拔考试，是根据录取分数高低进行专业分配。高职院校中，服装大类专业一般分 3~4 个，服装设计与工艺专业为主，同时包含服装与服饰专业、服装陈列与展示设计、针织技术与针织服装、服装管理（营销）等相关服装专业。在单考单招选拔考试中，服装设计与工艺录取分数最高，其次是服装与服饰设计、服装陈列与展示设计，最后是服装管理（营销）、针织技术与针织服装。

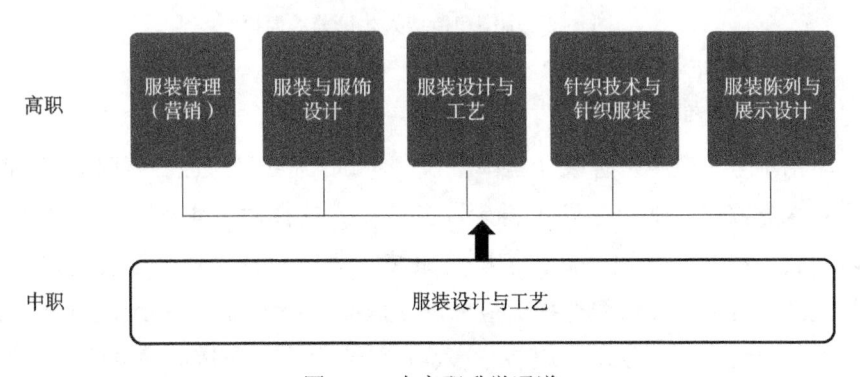

图 4-7　中高职升学通道

4.2.1.2 中高职衔接人才培养的原因

调研显示，院校开展服装类专业中高职衔接人才培养的原因中，企业人才需求高移和生源需求的均占 68.1%，政策引导的占 62.93%，其他原因占 10.34%，如图 4-8 所示。从图 4-8 可以看出，目前多数中职学生不会直接就业，而是选择继续升学，并且大部分院校已经意识到就业市场对于人才的学历要求也在逐步提高，因而积极开展服装类专业的中高职衔接人才培养。其次政府引导也是院校开展中高职衔接人才培养模式的重要原因。目前，中高职衔接和中高本贯通人才培养也是职教圈热议的话题，部分院校进行了相关探索，对于如何高效开展中高职衔接人才培养的论文和研究也层出不穷，对于指导院校开展中高职衔接人才培养大有裨益。

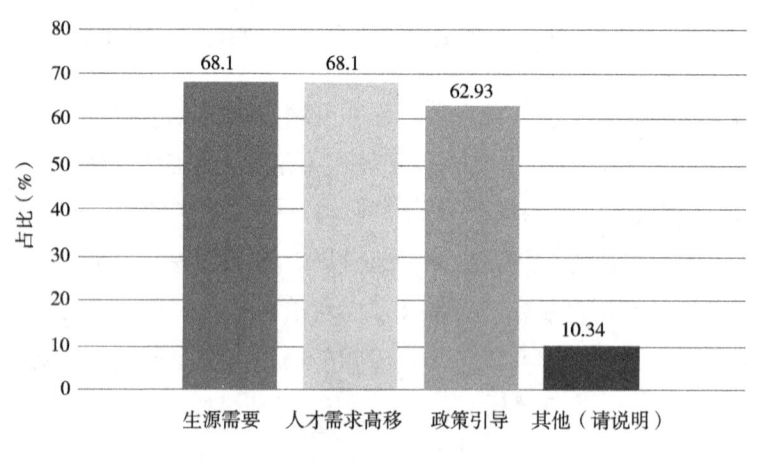

图 4-8 中高职衔接人才培养的原因

4.2.1.3 考试方法

单招单考考试属于省域（全国）统一考试，根据分数线高低划分高职与本科录取分数线。如果达到本科录取分数线，选择对应本科服装大类专业，一般服装工程专业分数最高，依次是服装与服饰设计专业、服装营销专业。如果达到专科录取分数线选择对应的高职服装大类专业，一般服装设计与工艺专业分数线最高，依次是服装与服饰设计专业、服装陈列与展示、时装营销、针织技术专业。

服装专业转学段考试采取"考评+考试+素质特长"测评方式进行，根据素质认定予以赋分。其中，中职学校负责对学生在中职阶段的学习成绩和其他表现进行综合考核，包括中职阶段前四个学期的各科成绩占70%，德育占20%，体育达标占10%，考评成绩满分100分。考试由高职组织实施，考试科目为专业综合，满分为100分。命题依据高职五年贯制人才培养方案。素质特长以职业技能类证书和参加省市级职业技能比赛成绩为依据，经招生领导小组认定赋分，同一考生有不同证书的取最高值（不得累计），认定项目和分值见表4-2，最高20分。

表4-2 认定项目和分值

序号	项目	等级	分值	备注
1	职业技能证书	高级工及以上	20	限政府劳动人事部门核发与报考专业相关证书
2	中职学校师生技能竞赛暨全国中等职业教育技能大赛选拔赛	省级一等奖以上	20	限省教育主管部门组织的且与报考专业相关项目（宁波市单独组队，参加国家比赛）
		省级二等奖、地市级一等奖	15	
		省级三等奖、地市级二等奖	10	

部分院校采用绩点学分制方式进行，以学生获取的累计绩点学分作为选拔的主要依据，同时参考中职阶段综合素质测评结果。测评方式为：

$$\text{绩点学分} = \left(\frac{\text{选拔考核课程总学分绩点}}{\text{选拔考核课程总学分}} \times 40\% + \frac{\text{综合考评绩点学分}}{\text{综合考评绩点总学分}} \times 60\% \right) \times \text{总绩点学分} + \text{加分}$$

选拔考核由高职组织实施，占录取权重的40%；中职学校负责对学生在中职阶段的学习成绩和其他表现进行综合考核，占录取权重的60%。选拔考核的考试课程为表4-3中所列各门课程。

表4-3 选拔考核的考试课程

学年	第一学年		第二学年		第三学年
学期	第一学期	第二学期	第三学期	第四学期	第五学期
专业知识考试课程	服装零部件制作	裙子制板与工艺	裤子制板与工艺	衬衫制板与工艺	外套制板与工艺

五年一贯制执行过程考核与淘汰，在第一至第五学期中抽测考试（每学期一门，不安排补考），有三门（含）不合格者，不能转入高职段。学生在中职学习期间获得地（市）级三好学生、优秀学生干部、市级技能大赛、省级以上技能大赛并经认可者，可在考评总分基础上加奖励绩点学分，具体见表4-4。将综合考核绩点学分、选拔考核绩点学分折合后得出总分，根据总分由高到低择优选拔录取学生升入高职阶段。

表 4-4　奖励绩点学分

项目	校级以上（不含校级）三好学生、优秀学生干部、文明风采奖等	市级技能大赛、市文明风采比赛、市创新创业大赛	省级技能大赛、省级文明风采比赛、省级创新创业大赛	国家级技能大赛、国际级文明风采比赛、国家级创新创业大赛
奖励绩点学分	+0.5	一等奖+2 二等奖+1.5 三等奖+1	一等奖+4 二等奖+3 三等奖+2.5	国赛获三等奖及以上可免试入学

在院校专家访谈中，高职院校专家普遍关注到由于五年一贯制升学率普遍较高（平均95%以上），淘汰较少，导致了近年来五年一贯制生源质量逐年下降，升入高职的学生技能也出现下滑。该观点在院校基本情况调研数据中得到证实。

4.2.1.4　人才培养理念

根据院校深度访谈，大部分院校单考单招的人才培养方案是由省统一高考的指挥棒决定的，为了迎合单考单招考试的形式和内容，中职从高一阶段就开始分班，根据中考成绩及学生意愿，组织成独立的升学班，在高二阶段实施淘汰制，在高三阶段进行高考冲刺。所以，单考单招班级教学基本与高职院校没有合作交集。高职院校通过分数高低进行录取，只能通过分数来考量学生技能基础、学生文化基础、学生素养品质等情况。调研问卷数据显示（图4-9），中职的单考单招人才培养是学校根据高考科目独立定制人才培养方案，高职的单考单招人才培养是根据录取学生的学情及区域人才需求，与企业合作制定完成的。所以，中、高职单考单招的人才培养融通相对是独立

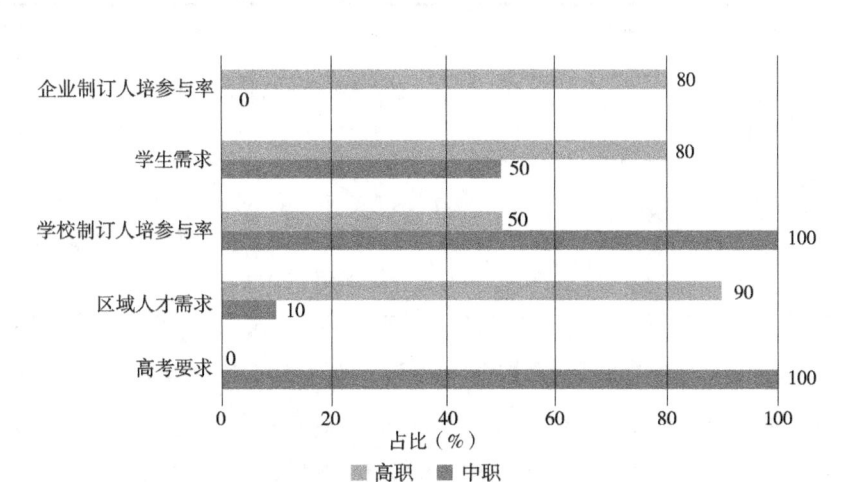

的，缺乏中高职的衔接，中高职亟待解决单考单招的融通桥梁。

图 4-9 中高职人才培养方案情况分析

中高职贯通的人才培养定位以浙江省中高职数据对比为例，见表 4-5。从表中看出，中职院校描述设计类定位出现了服装设计、设计、成衣设计等，技术岗位描述出现制板、工业制板、服装制作等，销售类岗位出现产品销售、服饰销售、服装销售等较为混乱的描述。两所高职院校相较，特色鲜明，杭州职业技术学院聚焦技术岗位，主攻制板技术；浙江纺织服装职业技术学院聚焦智造技术岗位，主攻规模生产技术。通过对比，中职人才定位层次不清晰，未体现地方特色，与高职院校定位衔接存在一定差距。

表 4-5 浙江省部分中高职人才培养定位

单位性质	单位名称	人才培养定位
中职	宁波市北仑职业高级中学	服装设计、服装工艺模板设计、服装制板、服饰销售
	慈溪市锦堂高级职业中学	设计、制板、工艺
	湖州艺术与设计学校	服装销售、设计、工业制板、车间管理
	杭州乔司职业高级中学	成衣设计、样衣制作、服装营销
	嵊州市职业教育中心	服装制作、产品检验、产品销售
	鄞州职业高级中学	服装产品设计开发、制板、工艺制作

续表

单位性质	单位名称	人才培养定位
高职	杭州职业技术学院	数字化服装样板开发、智能化服装生产、个性化定制
	浙江纺织服装职业技术学院	从事服装智造中的设计、制板、制模、缝制、文案、品控、采购、IE 管理、生产管理、跟单理单、贸易等工作

根据表 4-6，中高职教师普遍较为认可当前学校服装相关专业的人才培养理念，整体评价均为 4.00 分以上，介于"非常满意"与"比较满意"之间。其中，高职教师对学校服装专业的人才培养理念及培养目标的认可度更高。

表 4-6 服装专业大类人才培养理念满意度评价情况（平均分）

类别	中职教师	高职教师
培养理念	4.09	4.31
培养目标	4.09	4.29
整体评价	4.09	4.30

4.2.1.5 课程设置

（1）各学段开设必修公共基础课程。根据调研分析，中职学段开设必修公共基础课程按照比例从高到低排序为数学、体育与健康、职业生涯规划、思想道德与法律、心理健康教育、创新创业教育、毛泽东思想与中国特色社会主义理论体系概论、军事理论与军训、中华优秀传统文化、马克思主义基本原理概论等，如图 4-10 所示。

根据调研分析，高职学段开设必修公共基础课程按照比例从高到低排序为毛泽东思想与中国特色社会主义理论体系概论、体育与健康、军事理论与军训、高等数学、思想道德与法律、心理健康教育、职业道德与法律、中国近代史纲要、哲学与人生、中华优秀传统文化等，如图 4-11 所示。

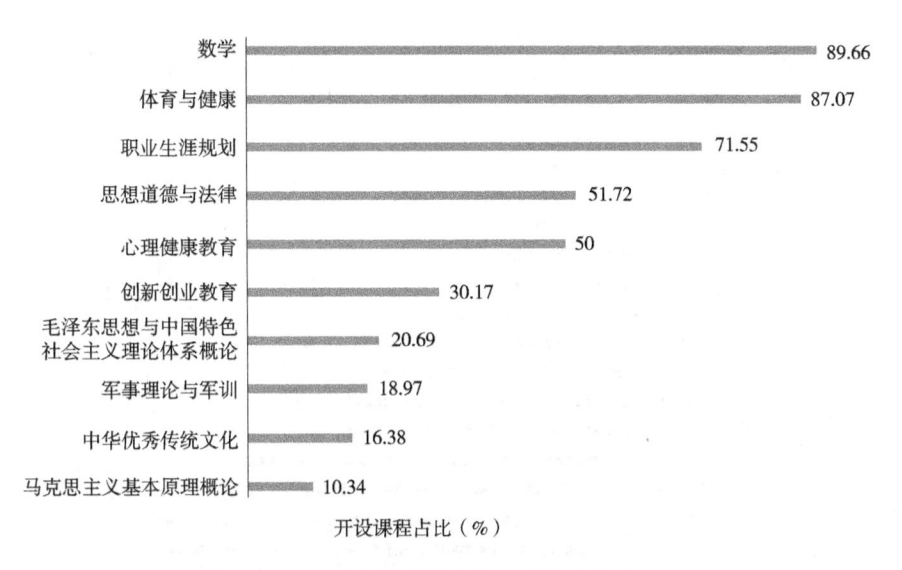

图 4-10　中职学段开设必修公共基础课程

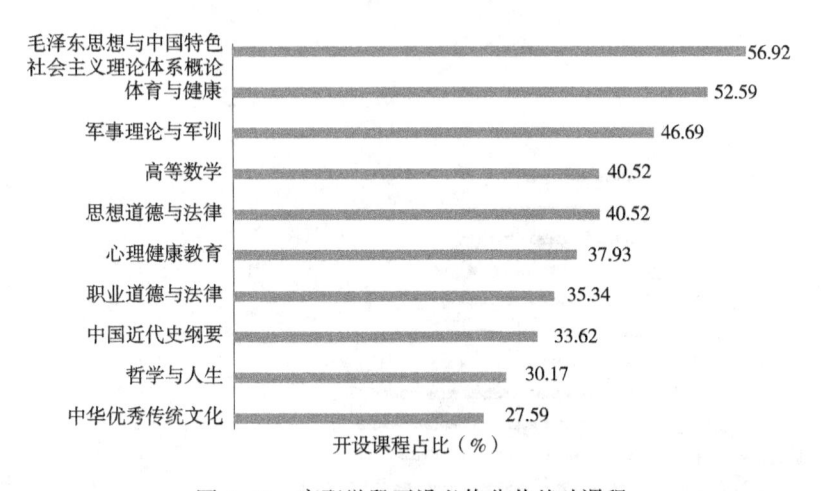

课程	开设课程占比（%）
数学	89.66
体育与健康	87.07
职业生涯规划	71.55
思想道德与法律	51.72
心理健康教育	50
创新创业教育	30.17
毛泽东思想与中国特色社会主义理论体系概论	20.69
军事理论与军训	18.97
中华优秀传统文化	16.38
马克思主义基本原理概论	10.34

图 4-11　高职学段开设必修公共基础课程

课程	开设课程占比（%）
毛泽东思想与中国特色社会主义理论体系概论	56.92
体育与健康	52.59
军事理论与军训	46.69
高等数学	40.52
思想道德与法律	40.52
心理健康教育	37.93
职业道德与法律	35.34
中国近代史纲要	33.62
哲学与人生	30.17
中华优秀传统文化	27.59

（2）各学段开设主要专业必修课程。调研数据显示，中职学段开设主要专业必修课程占比最高的是裙子工艺基础，占比80%；其次是裙子制板基础，占比66%；接下来是裙子款式设计，占比65%，如图4-12所示。

调研数据显示，高职学段开设主要专业必修课程占比最高是典型服装工艺基础，占比48%；其次是服装产品表达，占比44%；接下来是服装基础制板，占比43%，如图4-13所示。

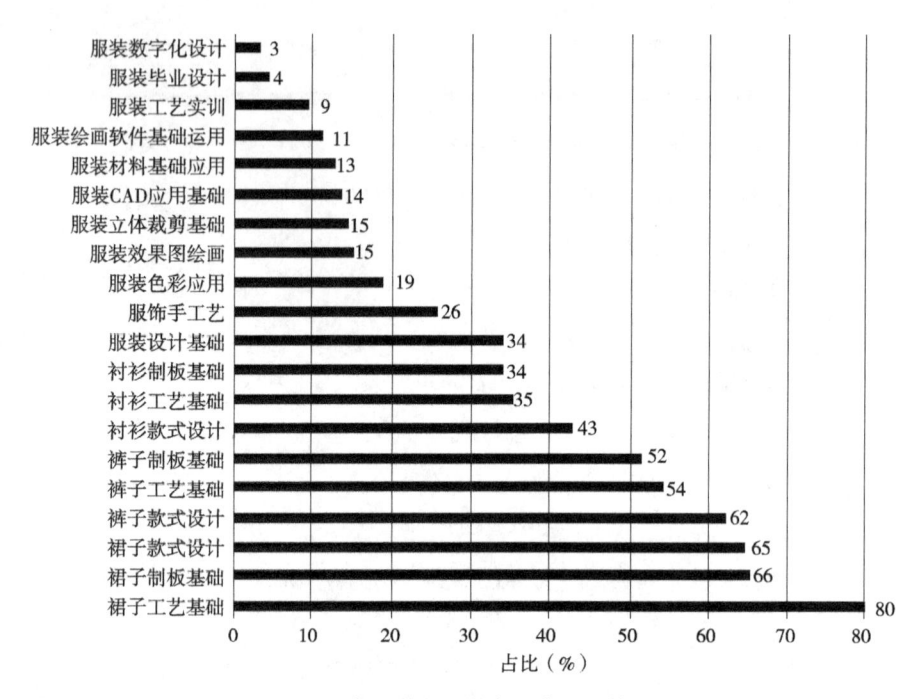

课程	占比(%)
服装数字化设计	3
服装毕业设计	4
服装工艺实训	9
服装绘画软件基础运用	11
服装材料基础应用	13
服装CAD应用基础	14
服装立体裁剪基础	15
服装效果图绘画	15
服装色彩应用	19
服饰手工艺	26
服装设计基础	34
衬衫制板基础	34
衬衫工艺基础	35
衬衫款式设计	43
裤子制板基础	52
裤子工艺基础	54
裤子款式设计	62
裙子款式设计	65
裙子制板基础	66
裙子工艺基础	80

图 4-12　中职学段开设主要专业必修课程

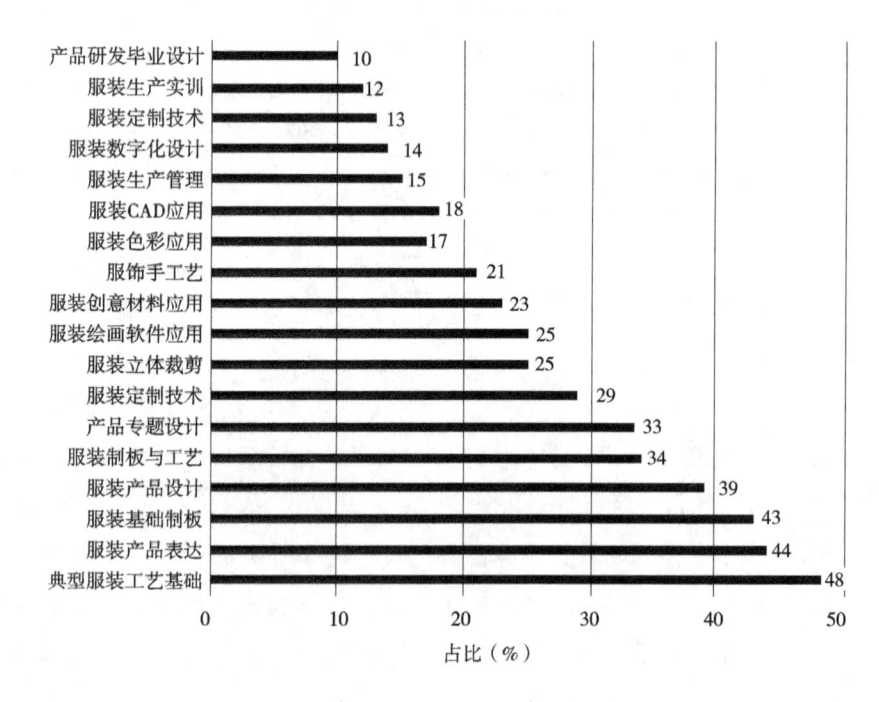

课程	占比(%)
产品研发毕业设计	10
服装生产实训	12
服装定制技术	13
服装数字化设计	14
服装生产管理	15
服装CAD应用	18
服装色彩应用	17
服饰手工艺	21
服装创意材料应用	23
服装绘画软件应用	25
服装立体裁剪	25
服装定制技术	29
产品专题设计	33
服装制板与工艺	34
服装产品设计	39
服装基础制板	43
服装产品表达	44
典型服装工艺基础	48

图 4-13　高职学段开设主要专业必修课程

从以上调研可知，中高职学段开设课程存在一定程度的重复现象。中高职课程结构能否科学合理地衔接，这是关系到职业教育整体教育质量和办学效益的关键问题，需进一步明确衔接内容，在不同的学段规定进行课程标准规定课程难易度和课程核心内容，以保障中高职衔接的一体化和有效性。

（3）各学段开设主要专业选修课程。根据调研分析，中职学段开设主要专业选修课程按照比例从高到低排序为服装陈列展示、服装搭配设计、服装设计软件基础、创意涂鸦设计、3D数字服装、服装刺绣、软件款式设计、工业制板基础等，如图4-14所示。

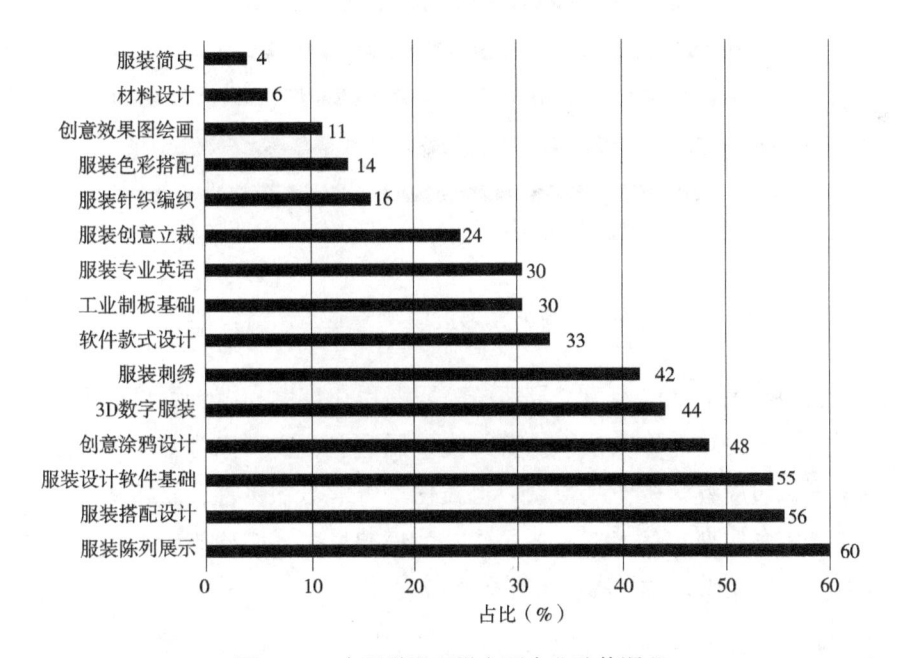

课程	占比(%)
服装简史	4
材料设计	6
创意效果图绘画	11
服装色彩搭配	14
服装针织编织	16
服装创意立裁	24
服装专业英语	30
工业制板基础	30
软件款式设计	33
服装刺绣	42
3D数字服装	44
创意涂鸦设计	48
服装设计软件基础	55
服装搭配设计	56
服装陈列展示	60

图4-14 中职学段开设主要专业选修课程

根据调研分析，高职学段开设主要专业选修课程按照比例从多到少排序为服装产品搭配、服装创意设计、服装工业制板、非遗旗袍、服装艺术史、服装智能制造等，如图4-15所示。

根据调研分析，中职学段的专业选修课注重服装陈列展示、服装搭配设计等职业素养和基础技能的培养，高职学段的专业选修课注重服装产品搭配、服装创意设计等复合型职业技能的培养，有明显的职业边界延展的特性。

同时，通过深度访谈，大多数院校表示，中高职课程设置时的课程重复

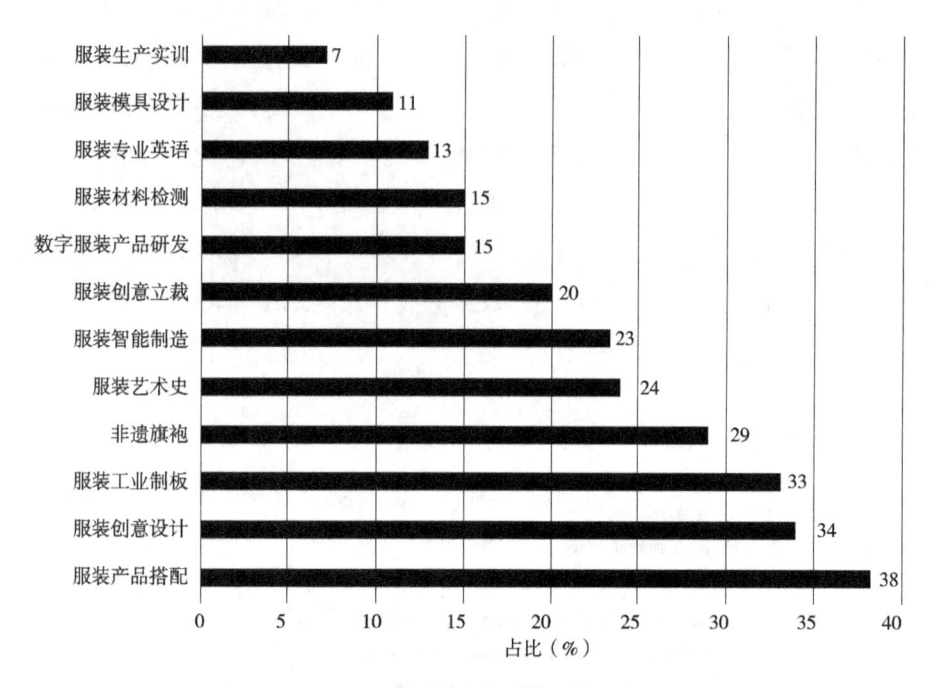

服装生产实训	7
服装模具设计	11
服装专业英语	13
服装材料检测	15
数字服装产品研发	15
服装创意立裁	20
服装智能制造	23
服装艺术史	24
非遗旗袍	29
服装工业制板	33
服装创意设计	34
服装产品搭配	38

图 4-15 高职学段开设主要专业选修课程

现象在目前状况下难以避免，虽然中高职课程在难度和综合程度方面有一定梯度进阶，但是具体在教法、内容难度、侧重点、实训安排等方面，没有统一的标准，造成教学资源的浪费，也损伤学生学习积极性，希望单考单招一体化设计中高职课程体系，并制定统一的课程标准，明确教学职责、规范教学过程，提高单考单招一体化人才培养效率。

（4）各学段需要考取的服装相关的专业证书。在职业技能等级证书考取要求方面，目前中职学校要求服装设计与工艺学生考取的职业技能等级证书以服装制板师（中级）为主，占67%，如图4-16所示。除此以外，也有33%和16%的中职学校要求取得服装制作工（中级）和服装设计定制工（中、高级）技能证书。

高职院校对服装设计与工艺学生考取的职业技能等级证书更加多样化，占比最高的是1+X职业技能等级证书（服装陈列设计中级证书）和服装制板师（中、高级），分别为50%和33%，如图4-17所示。还有色彩搭配师、助理服装设计师、ACAA国际商用美术资格证和电脑时装设计。

图中标注：

服装制板师(中级)
服装制作工(中级)
服装设计定制工(中、高级) 16%
67%
33%

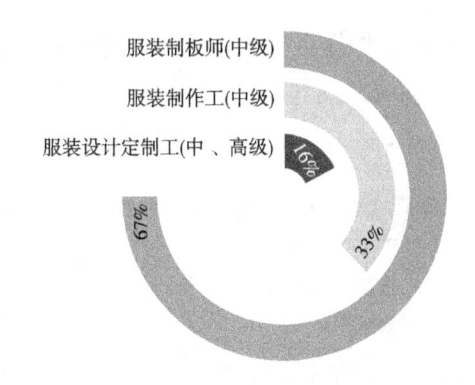

图 4-16　中职学段需要考取的服装相关的专业证书

1+X服装陈列设计(中级)
服装制板师(中、高级)
电脑时装设计
ACAA国际商用美术资格证
助理服装设计师
色彩搭配师
16% 16% 16%
50%
33%

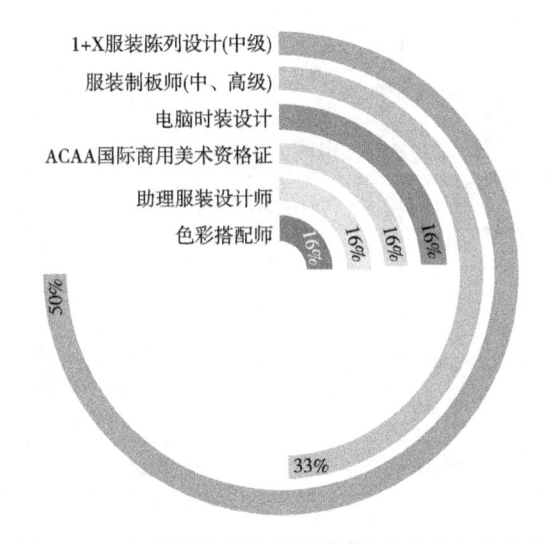

图 4-17　高职学段需要考取的服装相关的专业证书

中高职各院校贯彻国家职教改革方针政策，推行 1+X 职业技能等级证书制度，但证书名称为服装陈列设计，与核心课程匹配度较低。中华人民共和国人力资源和社会保障部推行的服装制板师系列证书贴合专业核心技能培养要求，但在 2019~2020 年停用，2021 年刚刚修订发行，需要各中高职院校参照新的考核标准，修订技能培养要求。

根据表 4-7、表 4-8，中高职教师及学生对学校服装设计与工艺相关专业的专业课程、专业课教材及学生考证方面的整体情况较为满意，平均分均在 4.00 分以上，介于"非常满意"与"比较满意"之间。总体上看，高职教师对专业课程、教材及学生考证情况的评价普遍高于中职教师，但高职学生对中高职专业课程的衔接、学校提供的考证指导及考证的衔接性方面的评价相对较低，为 3.97 分、3.99 分、3.99 分，高职院校仍需加强中高职课程与考证的衔接，为学生提供更有针对性的考证指导。

表 4-7 教师对服装设计与工艺专业课程设置的满意度评价情况（平均分）

项目		中职教师	高职教师
专业课程	课程设置理念	4.09	4.31
	课程体系与内容衔接	4.06	4.25
	课时安排	4.07	4.24
	课程管理	4.09	4.29
	整体评价	4.08	4.27
专业课教材	教材的适用性与实用性	4.01	4.15
	教材的前瞻性	4.03	4.14
	整体评价	4.02	4.14
学生考证情况	考证要求	4.03	4.17
	考证指导	4.03	4.27
	考证通过率	4.05	4.37
	整体评价	4.03	4.27

表 4-8 学生对服装设计与工艺专业课程设置的满意度评价情况（平均分）

项目		中职学生	高职学生
专业课程	课程设置的合理性	4.07	4.04
	课时安排的合理性	4.06	4.04
	课程内容的前沿性	4.07	4.05
	课程难度的适宜性	4.06	4.05
	与以往学习内容的衔接	4.06	4.02
	课程考试的方式	4.06	4.06
	中高职专业课程的衔接	—	3.97
	整体评价	4.06	4.01

续表

项目		中职学生	高职学生
专业课教材	教材质量	4.14	4.14
	整体评价	4.14	4.14
考证情况	学校的考证要求	4.09	4.01
	学校提供的考证指导	4.10	3.99
	考证的衔接性	4.09	3.99
	整体评价	4.09	4.00

4.2.1.6 教学实施

（1）教学方法。教学方法是连接教学目标与教学对象的中间桥梁，职业教育旨在培养技术技能型人才，这便意味着教师所使用的教学方法应有利于学生专业技能的获得与提升。

从图4-18可知，当前服装设计与工艺专业的中高职的专业课程教学中普遍采用项目教学法、任务驱动教学法、讲授法及理实一体教学法，情境教学法及小组合作教学法使用较少。

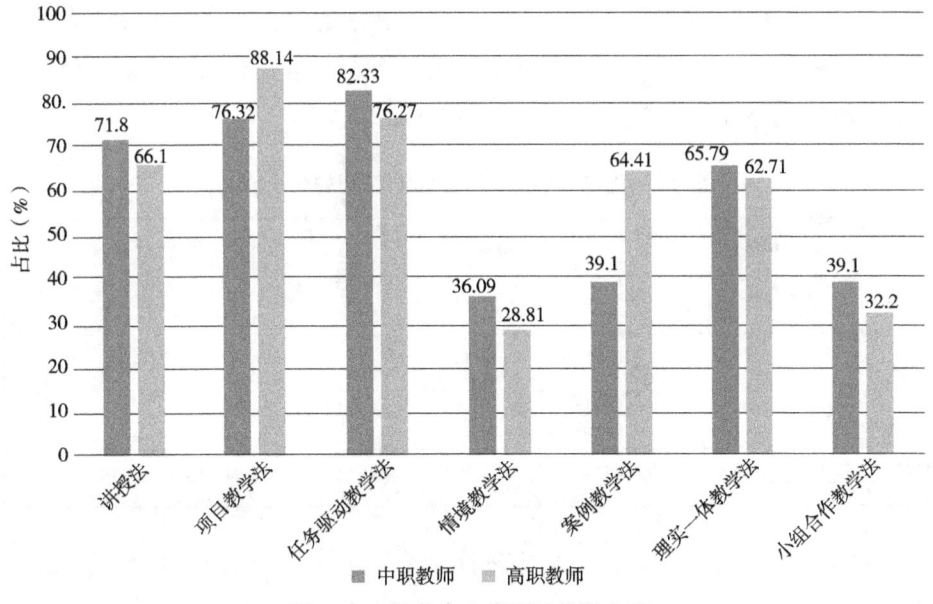

图4-18 服装专业常用的教学方法

（2）教学资源。教学资源是教学活动得以有效开展、提高教学质量的重要保障。在所有的中高职院校中，"自主研发"作为教学资源的主要来源，中职、高职分别占比83.3%和90%；其次使用的资源是省级课程资源，分别占比50%和70%，如图4-19所示。

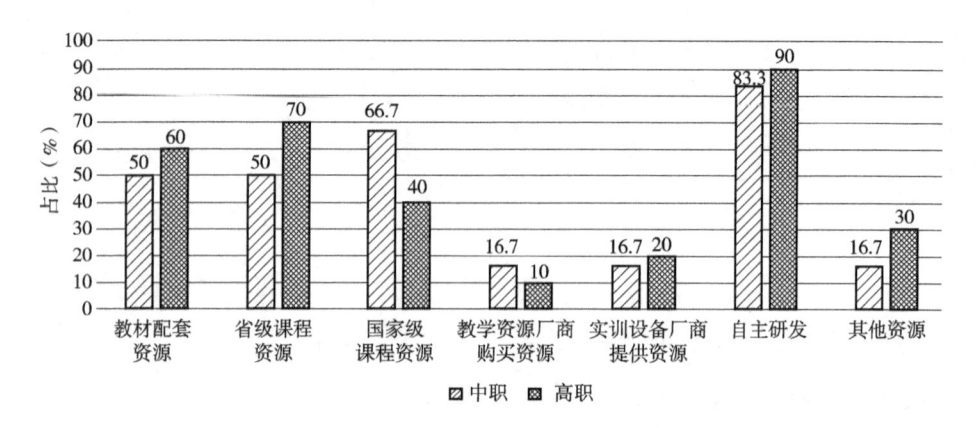

图4-19 服装专业课程配套教学资源来源

在专业课程配套教学资源建设方面，所有高职院校均开展服装设计与工艺专业校级在线课程的建设，其中省级以上在线课程也达到了40%，调研结果显示仍有40%中职学校尚未自行建设配套教学资源，已建设在线课程的中职学院平均门数不到两门（表4-9）。在数字教学资源配置和专业课程信息化教学创新改革方面，高职院校也要领先于中职学校。

表4-9 服装专业课程配套教学资源的建设情况

类型	中职（门）	高职（门）
在线课程总数	1.5	10
国家级	—	<1
省级	—	3
校级	—	6

（3）教研活动。教研活动是提高教师教学能力与素养的重要途径。从参与教研活动的频率看，所有中职和高职院校都会定期开展服装专业的教研活

动，一般频率为每个月一次，但内容和形式都比较单一。联合教研活动是指由高职院校、中职学校和合作企业共同参与的中高职一体化教研科研活动，此种形式的教研活动次数院校之间各有不同，多的三年累计能达到20次，但仍有30%的中职学校未组织或参与联合教研活动（表4-10）。

表4-10 每年服装专业联合教研活动的开展情况（平均值）

联合教研活动	中职	高职
次数	5	8

（4）教学内容与形式。中职学段最后一学期的教学内容及形式主要有学习单考单招课程，准备各省统一考试。其中，专业相关理论课程占比最高，占39%，其次是文化课，占29%；专业技能课程占22%，如图4-20所示。单考单招的考试科目决定了中职学段最后一学期的主要课程内容。

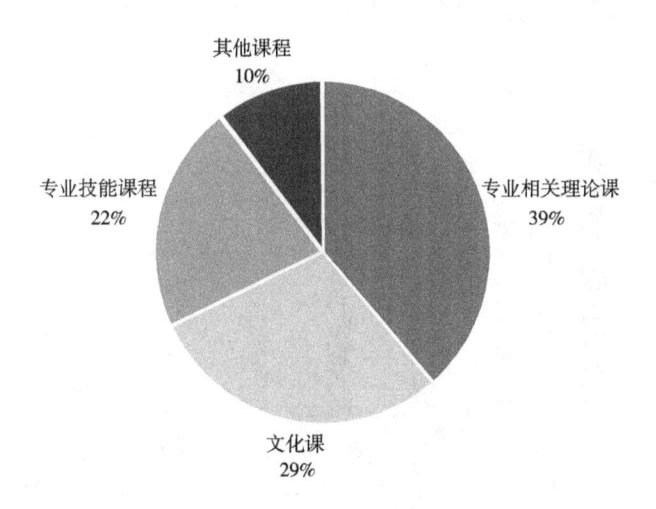

图4-20 中职学段最后一学期的教学内容及形式

高职学段最后一学期的教学内容及形式主要是岗位实习，为后续学生就业打下工作实践基础，如图4-21所示。目的是在岗位实习阶段，实现校内外实训与企业岗位的对接。

4.2.1.7 实习实训情况

（1）实训基地情况。据调研，中职学段的实训基地中，占比最大的是服

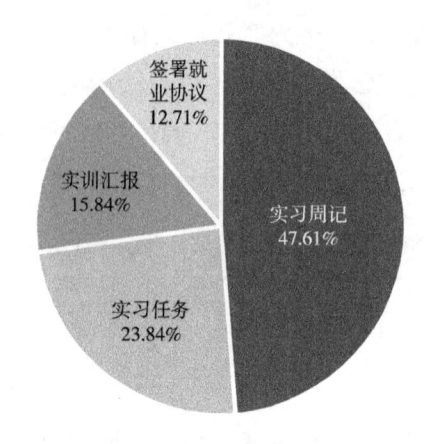

图 4-21 高职学段最后一学期的教学内容及形式

装一体化实训室，占 75%，其次为工艺实训室，占比 68%。制板实训室占比 58%，设计工作室占比 34%，设计类软件实训室等建设较少，院校更注重培养学生的专业基础技能，如图 4-22 所示。

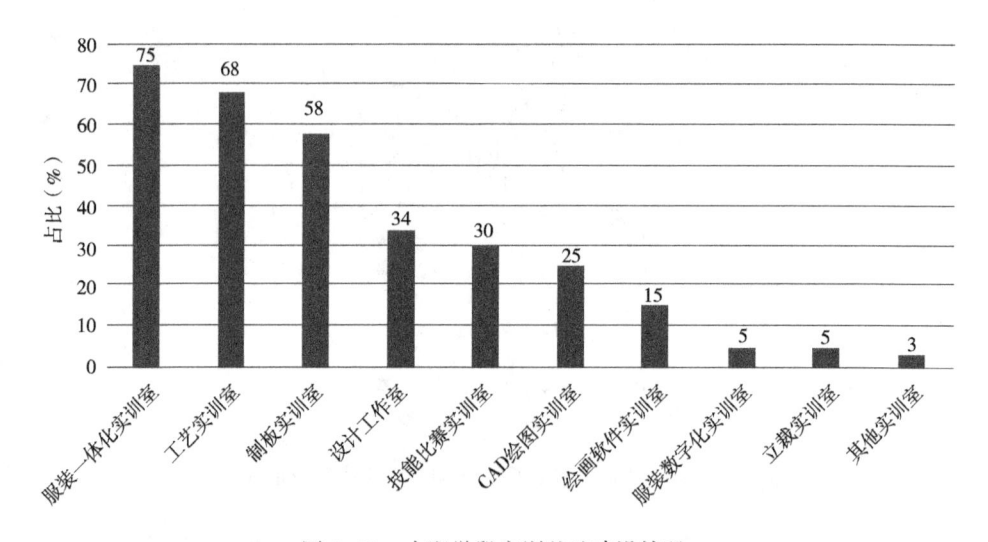

图 4-22 中职学段实训基地建设情况

据调研，高职学段的实训基地中，占比最大的是制板实训室，占 58%，其次为服装一体化实训室与设计工作室，占比分别为 55% 和 54%。工艺实训室与 CAD 绘图实训室占比分别为 45% 和 40%，立裁实训室与绘画软件实训室均占比 35%，个性化培养工作室占比 25%，院校更注重培养学生宽基础、精技能的训练,如图4-23所示。

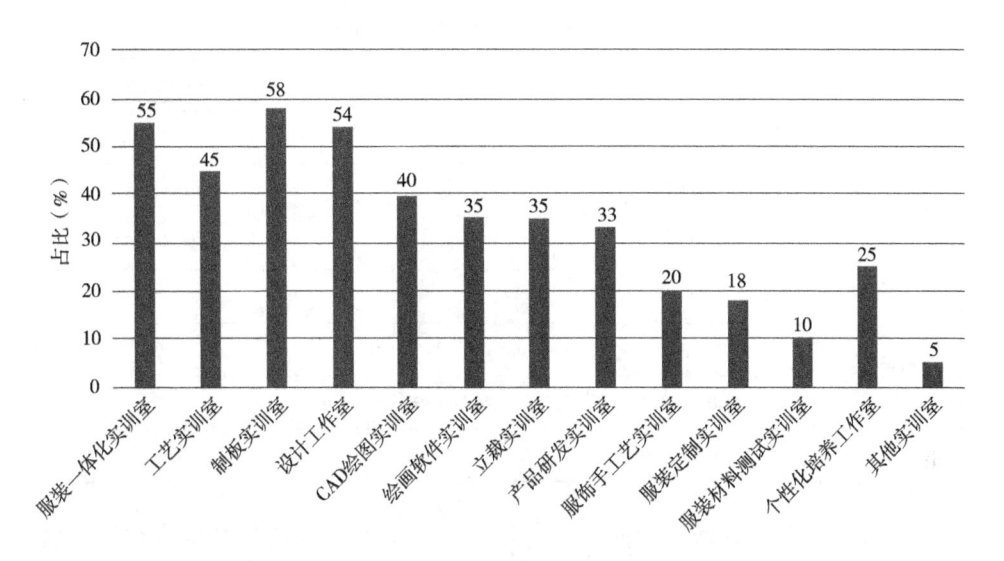

图4-23 高职学段实训基地建设情况

（2）实训室建设形式。在调研院校中，实训室建设形式有学校自建和校企共建两种，其中学校自建实训室占比37.5%，校企合作共建实训室占比62.5%，如图4-24所示。校企共建实训室是为了让企业和学校在人才输出方面达到无缝对接的状态，学校培养人才就业后可以快速上岗，降低企业培训成本。

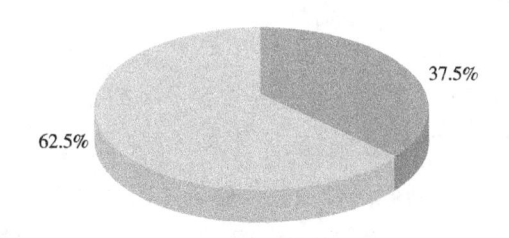

图4-24 实训室建设形式

实习实训是职业教育学生专业技能提升的关键环节。在实习实训的基地建设方面（表4-11），中职学校服装设计与工艺专业配备的校外实习基地、校内实训室整体低于高职院校，且存在较大的差距，但从校外实训基地建设的特点上来看，中高职院校都坚持与当地优势产业紧密结合。

表 4-11 服装设计与工艺专业的实习实训条件

实习基地统计（平均值）	类型	中职学校	高职院校
	校外实习基地	1.9 个	3.6 个
	校内实训室	5.5 个	7.8 个
实训室设备占比	规模	中职实训室	高职实训室
	100 台以下	7.6%	20%
	100~200 台	31%	20%
	200~400 台	46%	40%
	400 台以上	15.4%	20%

在实训室的设备数量方面（表 4-11），中高职专业实训室的设备数比较接近，主要集中在 100~400 台；且实训室类型主要划分为服装设计、服装制板、服装工艺、服装 CAD、服装立体裁剪，部分高职院校还建有单独的竞赛专用实训室。五类实训室对应的主要课程及项目均与国家教学标准中的课程相符合，包含服装结构与工艺、服装立体裁剪等专业核心课程。同时，中高职院校会根据地域特色与拓展技能需要另外建设如服装造型设计实训室、服装数字化开发实训室、服装数码印花工作室、服装绣花工作室、服装袜子设计研发工作室等实训室。

4.2.1.8 校企合作

校企合作是职业教育作为一种跨界教育发展的必然要求，职业院校与企业之间的紧密合作有利于实现岗位人才需求与专业技能人才培养的无缝对接。从图 4-25 可知，中职与高职院校服装设计与工艺专业校企合作的形式以师资互聘和企业接收学生实习为主。与中职学校相比，高职院校与企业的合作更加密切。

（1）中职学段校企合作内容。在调研院校中，中职学段校企合作内容中，对于就业班实习接收学生实习和聘任企业导师占比 80%，其次是订单培养占比 46.67%，其他形式占比较少，如图 4-25 所示。

（2）高职学段校企合作内容。在调研院校中，高职学段校企合作内容中，

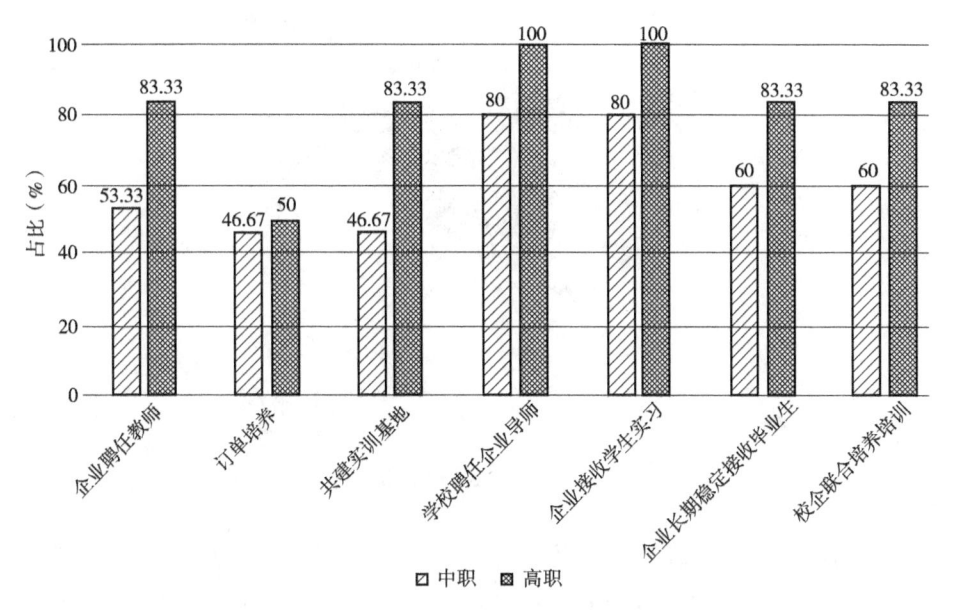

图 4-25　服装设计与工艺专业校企合作的主要形式

占比最大的是企业接收学生实习和学校聘任企业导师，为100%，其次是企业聘任教师、共建实训基地、企业长期稳定接收毕业生和校企联合培养培训均占比83.33%，如图4-25所示。

4.2.2　中高职衔接人才培养面临的问题

4.2.2.1　专业定位匹配分析

五年一贯制培养以相关中高职人才培养方案为依据，分别对服装专业人才培养定位和就业岗位的匹配情况进行了对比分析。根据图4-26可知，人才培养定位主要由设计类、技术类和营销类三大岗位群确定，毕业生就业情况和招聘岗位需求统计也是设计、技术、营销三大类岗位需求频次最高，且所有中高职院校都聚焦技术类岗位作为人才培养的主要岗位群，其次是营销类岗位和设计类岗位，分别占比32.54%和16.01%。其中设计类和技术类岗位需求总量达到总需求量的67.46%，是产业急缺岗位类型。服装设计与工艺专业中高职人才培养定位应以服装技术为主，增设设计类、营销类培养，非常符合产业发展趋势。

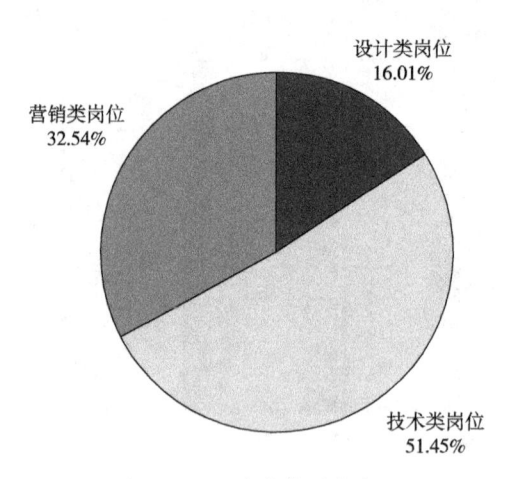

设计类岗位 16.01%
营销类岗位 32.54%
技术类岗位 51.45%

图 4-26 三大岗位需求占比

岗位群中根据调研可知，服装企业主要招聘的岗位群为：服装设计类占 77.83%、服装技术类占 68.9%、服装生产管理类占 56.78%、服装数字化技术类占 46.3%、服装供应运营销售类占 51.2%、服装制板类占 25.5%、服装加工生产类占 30.1% 等，如图 4-27 所示。可以看出企业对于人才的设计类、技术类、智能制造管理类、数字化技术类、运营销售类等的职业技能较为重视。

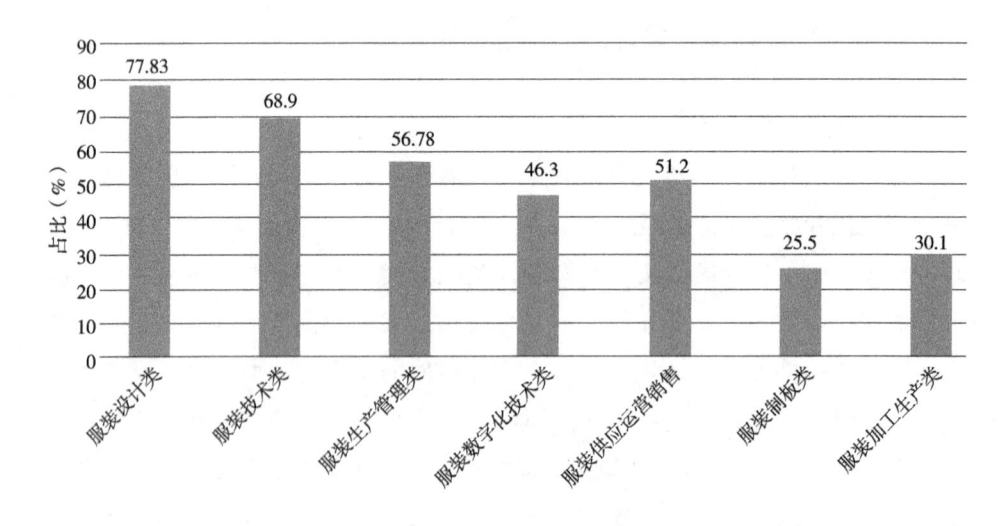

岗位类别	占比(%)
服装设计类	77.83
服装技术类	68.9
服装生产管理类	56.78
服装数字化技术类	46.3
服装供应运营销售	51.2
服装制板类	25.5
服装加工生产类	30.1

图 4-27 服装企业主要招聘的岗位群

从图 4-28 可以看出，单一岗位中，服装制板技术占比 53%；其次是服装设计师、服装设计助理、服装营销岗位等，而服装工艺制作、运营与检测岗位占比较低。

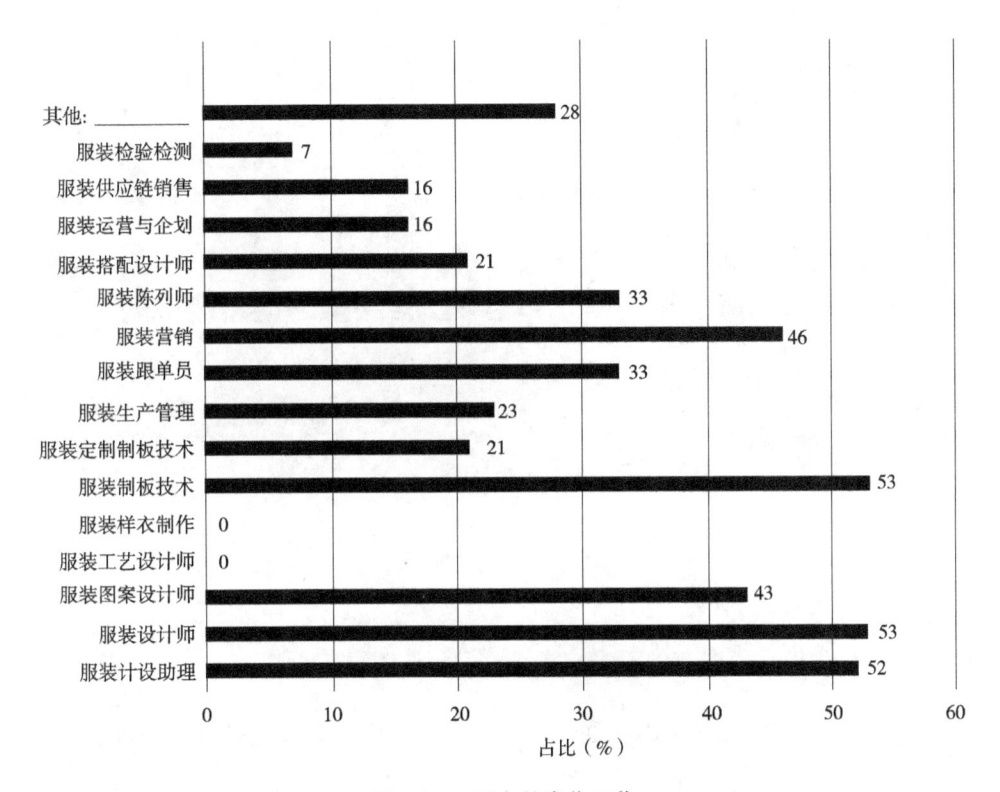

岗位	占比(%)
其他：	28
服装检验检测	7
服装供应链销售	16
服装运营与企划	16
服装搭配设计师	21
服装陈列师	33
服装营销	46
服装跟单员	33
服装生产管理	23
服装定制制板技术	21
服装制板技术	53
服装样衣制作	0
服装工艺设计师	0
服装图案设计师	43
服装设计师	53
服装计设助理	52

图 4-28 面向的岗位工作

根据企业调研数据，目前浙江、广东、江苏和山东地区服装企业人才需求较大的岗位主要是设计类、核心技术类、智能管理类、数字服装技术类、供应链运营类等岗位类，如图 4-29 所示。进一步分析可知，企业对高职学段人才的需求主要是复合技能型的岗位。

通过对比分析，从与行业企业人才需求匹配度来看，能够基本匹配，但部分中高职学校的人才培养目标参差不齐，急需通过标准来进一步规范培养目标和培养内容，确保人才培养质量。

深度访谈中，中高职院校普遍认为，关于 3+2 人才培养与 3+3 人才培养的都是需要中职负责打好专业基础，高职负责拓展提升。中职阶段，行业专

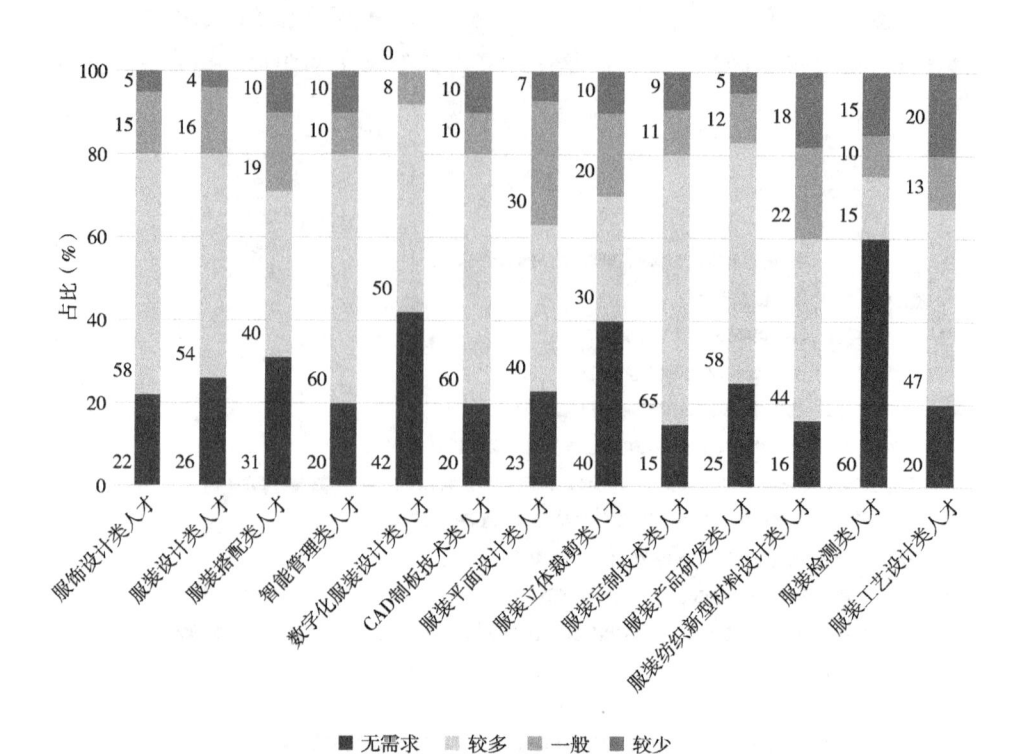

图 4-29 服装企业人才需求现状

家及教师认为 3+2 人才培养融通性更强，中职三年主要技能基础为培养目标，注重校企实训、服装技能大赛、综合实训项目的训练，因为 3+2 人才培养更注重过程考核选拔，技能从高一、高二、高三不断在考核内容训练中提升。与高职对接人才培养相契合。3+3 的人才培养缺乏中高职的融通，更注重高考内容的学习，三年学习都是围绕最后高考为目标，过程更倾向于理论考试的选拔，技能考核停留在高考的部分技能的训练中，技能提升的空间比较小，因为高考的需求，很多学校在校企合作、综合实训等环节都省略了，这也成为 3+3 学生步入高职阶段后的一种遗憾。

调研数据有 25.32% 的毕业生从事与服装专业完全对口的工作，有 24.31% 的毕业生从事与服装专业基本对口的工作，有 26.42% 的人从事与服装专业有点关联的工作，还有 23.95% 的人从事与服装专业不对口的工作，如图 4-30 所示。

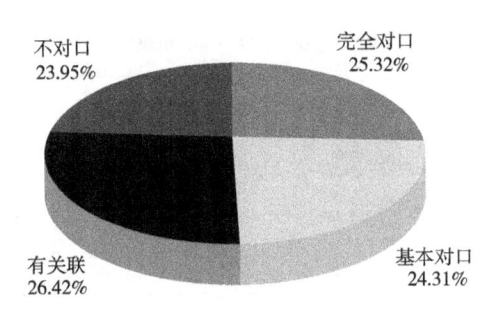

图 4-30 所从事工作与服装专业对口程度

在从事与服装相关岗位的毕业生中，从事岗位前三名的分别是设计助理、服装运营、服装搭配师，其占比分别是 30.2%、21.6% 和 11.9%，具体如图 4-31 所示。

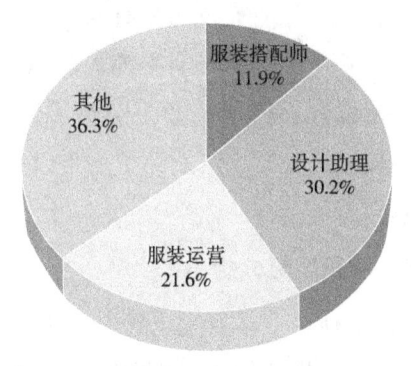

图 4-31 毕业生从事的工作岗位类型

从调研结果来看，仅 23.95% 的毕业生从事与服装专业不对口的工作，完全对口和基本对口的就业率为 49.63%，专业的就业匹配度较高，人才培养质量相对较高。从就业岗位来看，主要就业岗位为服装设计师、服装跟单员、服装制板师、服装搭配师岗位，而行业企业人才需求主要为设计类、技术类、管理类，两者在结构上能够基本匹配，但仍需根据行业企业需求进行精准把控。

另外，衡量专业人才培养质量的指标还体现在对口率和薪酬方面，在高职院校教学现状调研中，普通高职班就业对口率均值高于 85%，而中高职贯通培养的就业对口率均值仅有 71%。根据表 4-12 可知，薪酬和工作年限有直接关联，对于有过择业经历的毕业生，薪酬的上升比例更大。

表 4-12　毕业年限与薪酬分析

毕业年限	5 万元以下	6 万~10 万元	10 万元以上
1~2 年	67%	31%	2%
3~5 年	53%	43%	4%
5 年以上	30%	55%	15%

建立人才培养质量保障机制是职业院校专业人才培养能顺应时代发展要求、适应行业企业需求的重要一环，也是培养高素质技术技能人才的必然要求。高职院校更加注重专业人才培养质量保障机制的建设，从人才培养方案、课程标准、实习实训、毕业设计等质量标准的制订和落实，人才培养质量的跟踪调查，专业教学质量监控管理等方面都有保障。虽然中职学校在学业水平考试的实施方案、工作制度和运行机制上都有明确建构，且在教学水平和学习效果的监测上也十分重视；但在毕业生跟踪反馈机制及社会评价机制、人才培养质量与培养目标达成情况、定期评价制度及中高职合作保障人才培养质量机制方面相对薄弱。

4.2.2.2　专业培养质量匹配分析

除了人才培养供给的调研外，本研究也对专业中、高职的职业核心能力、职业素养能力方面与企业相关岗位的匹配度进行了调研。根据表 4-13 所示数据，与中职毕业生相比，高职毕业生与相关岗位需求的匹配度更高，尤其是核心能力中的数字化设计应用和服装生产加工能力中，高职毕业生有较明显的优势，职业素养中的创新能力和工匠精神也明显好于中职毕业生。

表 4-13　中高职职业核心能力、职业素养分析（10 分制）

目标	项目	中职（平均值）	高职（平均值）
核心能力	服装搭配与营销能力	5.6	7.0
	数字化设计应用能力	6.4	8.7
	服装生产加工能力	7.3	9.3
	服装产品设计能力	6.4	8.3
	面料鉴别与应用能力	5.9	7.3

续表

目标	项目	中职（平均值）	高职（平均值）
职业素养	解决问题的能力	7.5	8.7
	创新能力	6.8	9.3
	工作责任心	7.3	9.3
	工匠精神	7.5	9.7
	人际沟通与表达能力	7.1	8.7

同时，在"职业核心能力"方面，中职基本符合企业需求值，而高职院校要高于企业需求值，但在"面料的鉴别和应用能力"，中高职均与企业的需求值存在一定的距离（图4-32）；在人才需求调研问卷中，企业非常重视毕业生的"职业素养"，而中高职均未完全达到企业的要求，特别是中职毕业生需要进一步加强（图4-33）。

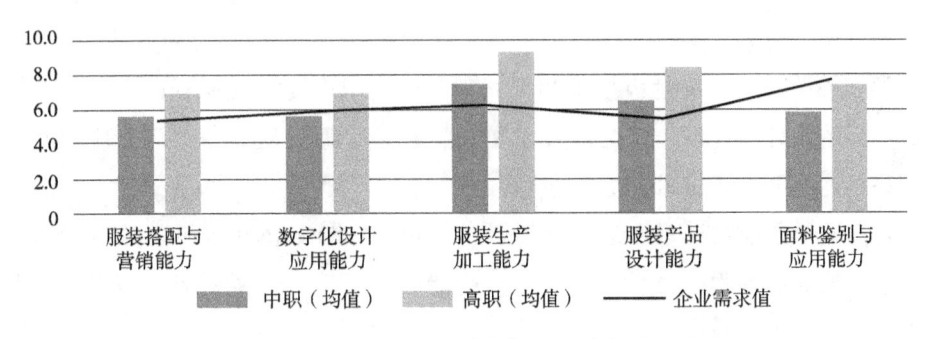

图4-32 职业核心能力与企业需求对比

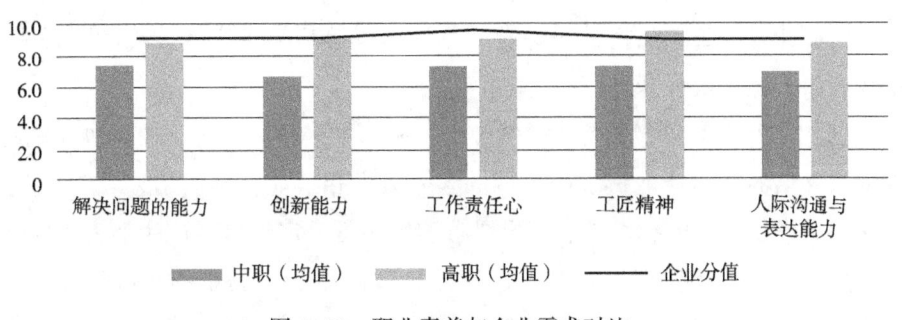

图4-33 职业素养与企业需求对比

4.2.3 解决中高职衔接人才培养问题的对策

（1）中高职人才培养定位存在差异，亟须明确并统一各学段人才培养目标调研显示，目前3+3、3+2中职和高职学段的人才培养目标未体现连贯性，中高职衔接人才培养目标亟须遵循人才成长规律，建立起清晰连贯的技术技能人才成长路径。中高职衔接人才培养目标应该是总体培养目标和分段培养目标两部分组成，总体培养目标应根据国家政策、行业发展需求、服装职业岗位需求等设计，分段培养目标应分别体现针对中高职面向的职业岗位进行设计，对分段培养有更明确的定位，方便对不同学段学生进行考核和评估。中职学段的人才培养目标应对应服装设计助理类、服装技术助理类、服装搭配助理类等岗位，高职学段的人才培养目标则对应服装设计相关技术、服装相关的专业技术、服装相关的运营模式、服装智能制造生产等岗位。

（2）中高职教学难度参差不齐，亟需贯通课程体系并进行一体化设计。中高职人才贯通培养需要以课程为核心的内涵式衔接代替外延式衔接，一体化设计课程体系，实行阶梯式职业课程衔接的方式，课程设置应融合服装设计类相关课程、服装制板技术相关课程、服装制作类相关课程的知识，侧重对产品的设计与开发、产品的技术更新、服装管理流程等各个环节应用服装相关技能提升专业技术的综合能力。

高职学段建议开设服装产品设计、制板与设计一体化、服装数字设计等技术技能核心课程；开设产品研发、智能制造管理、材料检测等综合应用课程以提高学生实战技能。

中职学段建议开设服装基础设计、单品工艺制作、制板基础等服装相关的基础课程；开设工艺技术、结构设计技术等技术技能核心课程；开设单品设计与制作、服装单品搭配等综合应用课程以提高学生实战技能。所有课程都应开展一体化设计开发。

（3）中高职教师教研能力差异较大，亟须推进师资共研、校企协同机制。专业人才培养要与产业链、岗位群的人才需求相适应，调研结果表明，企业不仅看重学生的专业技术技能，更要求学生具备一定的跨界应用能力。因此，在构建专业教师团队时，要突破以往专业教研室的小圈子，通过跨界组建、共享资源、优势互补、合作联动等多种方式，构建以双师型教师为主体的专业群共建教师团队，通过社会招聘、在职培养、专项引进、岗位聘用等多种途径不断优化教师团队结构，以解决服装设计与工艺专业建设中"复合型专业教师"存量不足、质量不高的问题。要加强以专业群为载体的教师发展中心体系建设，形成校企双向专兼结合的双师型教师培养培训机制，强化教师1+X证书试点教学能力的培训。

探索建立高职院校、中职院校共同参与的中高职一体化教研工作机制，组建中高职一体化服装专业教研组，搭建中高职一体化教研活动平台，积极组织合作院校开展校际研训活动，在中高职一体化培养标准、人才培养方案制订、一体化课程体系设计、教材开发等方面形成定期交流，常态化研讨形式，中高职院校双方共同打造人才培养友好交流局面。

（4）中高职教学设施滞后于数字技术发展，亟须联合地方企业提升实训条件。针对现有实训室的不足，面向企业亟须的服装数字化、服装智能制造等岗位，完善实训室功能，形成实训技术技能的中高职衔接，满足中高职贯通培养要求。依据院校实际情况，建立校企合作校外中高职实训基地、实训室的共享机制，优化不同学段的专业资源配置，进一步促进中高职一体化有效衔接。

中职学段应配备服装基础技术实训室等，高职学段应配置服装现代数字化实训室。进一步系统规划实训实习安排，调整服装专业实践教学计划，依照3+3、3+2中高职一体化培养需求，体系化设计实训教学体系。

（5）中高职贯通课程配套资源较少，亟须一体化设计和补充。积极调动服装设计与工艺行业、企业、院校多方力量，共同开发、编写3+3、3+2教材，在教材选用过程中，要按照国家规范程序选用教材，优先选用中高职一体化人才培养系列教材和国家优秀教材。此外，服装专业课程教材应体现服装行业内的新技术、新规范、新标准。

积极开发、建设适应服装专业培养要求的音视频素材、教学课件、数字化教学案例库、虚拟仿真软件、数字教材等专业教学资源库，完善满足不同层次学生多样化学习需要的课程资源。

应着力丰富资源形态，大力开发数字教材，广泛吸纳教辅教案、教学设计、虚拟仿真、实验资源、智能作业、互动课堂、线上教学等资源。着力于创新资源评价，运用国家教育大数据分析汇聚海量动态数据，对平台资源规模、结构、内容的效果进行分类、分析和评价。

（6）中高职贯通缺少稳定的校企合作，亟须共建校企协同育人模式与机制。服装行业发展迅速，各种新业态、新技术不断涌现，职业院校应加强与行业企业的联系，加强校企之间深度合作，通过开展订单式培养、联合授课、校企共建产业学院等多种形式的校企合作模式，将行业发展的新知识、新技能融入专业人才培养，根据岗位职业技能要求，更新课程设置，运用各类项目式教学、案例式教学、任务驱动式教学等教学法，适应不断发展变化的课程教学要求。

4.3 数字化技术变革下服装人才的现实思考

4.3.1 行业发展现状

纺织服装业，是国民经济的传统支柱产业、重要民生产业，经济建设中具有重要作用。原因归纳有三点，一是虽然日常消费品的品类已极大丰富，服装及其他纺织品的支出仍为我国居民消费支出结构中的重要部分如图4-34所示，纺织服装行业在人民的生活中起到了举足轻重的作用。二是纺织服装产业为国内消费者提供服饰需求，并为国家创造大量外汇，支持了我国的经

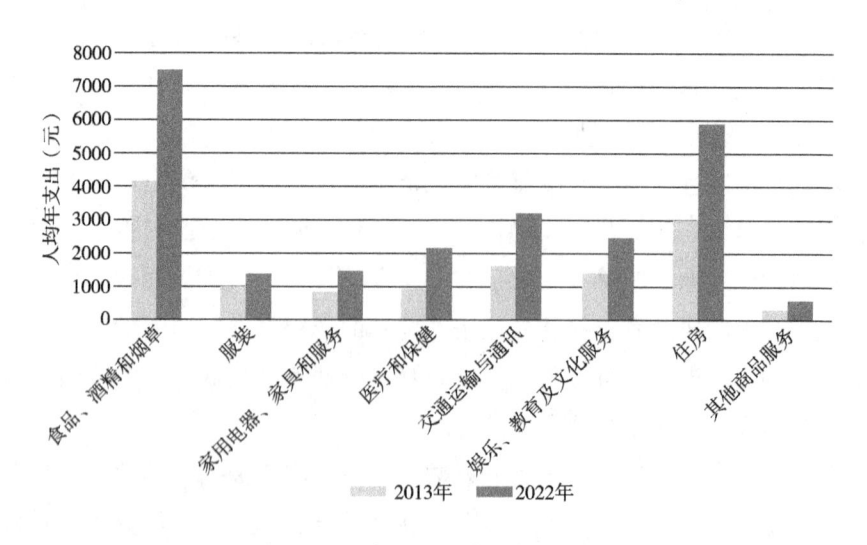

图4-34 中国居民消费支出结构

济建设。作为传统的劳动密集型行业，对国家和地区的劳动就业具有拉动作用。三是"十三五"期间，政府提出了供给侧结构性改革、"三品"战略等一系列政策措施，从国家层面促进消费品工业的发展，纺织服装产业是重要发力点之一，可见，其在经济建设中的作用和重要性。

2021年10月，中国服装协会发布了《中国服装行业"十四五"发展指导意见和2035年远景目标》，根据中国服装协会测算，2020年全国服装行业工业企业数量17万家，服装制造领域从业人数826万人，服装总产量约712亿件。2021年规模以上企业12635家，完成服装产量235.31亿件，实现营业收入1.48万亿元，利润总额767.82亿元，分别占全国规模以上工业企业营业收入和利润总额的1.3%和1.0%。2020年全国服装销售数量超400亿件，国内服装市场销售总额4.5万亿元。2020年服装鞋帽针纺织品网上零售额达2.17万亿元，占实物网上零售额22.27%。报告对中国服装行业"十四五"期间以及2035年的发展目标做出了清晰规划。其中指出到2035年，在我国基本实现社会主义现代化国家时，我国服装行业要成为世界服装科技的主要驱动者、全球时尚的重要引领者、可持续发展的有力推进者。

以浙江省纺织服装产业为例，"十三五"以来，围绕"科技、时尚、绿色"发展的新定位，聚焦创意设计为核心、科技创新为支撑、优秀文化为引领、品牌建设为带动、可持续发展为导向的内涵式发展，使得纺织服装产业的重点领域量质齐升，形成了全国具有较高知名度的特色产业集群，比如杭派女装、宁波男装、织里童装、温州鞋帽、绍兴面料等特色鲜明的产业集群。产业集群已经从原来外贸与加工制造为主的规模化生产制造，向"多元化、时尚化、快速化、小批量"的时尚品牌经济转型，在利用产业信息平台拓展市场空间、创意时尚、模式创新与国际产业合作等方面，取得了不俗的成绩，形成了立体丰满的时尚化产业格局，男装、女装、童装、职业装、户外服等全品类齐头并进、多元发展的良好态势。随着服装行业中生产环节利润的下降，不少企业选择将低附加值的生产环节转移到低工资水平的国家或地区，只保留了纺织品研发、服装设计、品牌运营、控制营销渠道等高附加值环节。东南亚国家如柬埔寨、越南、缅甸成为我国服装企业首选的生产性投资国家，我国中西部省份也成为省内企业转移生产能力的选择。由此，服装企业的"总部经济"和国际化生产经营将成为必然的趋势。同时，依托时尚产业创新机构和创新服务平台，创新设计研发能力得到不断提升，进而推动了新技术、新材料、新工艺的广泛应用，使产业数字化、网络化、智能化转型升级持续推进。

4.3.2 行业发展趋势

大量政策文件中提到，纺织行业在新时期更好地践行新发展理念、融入新发展格局，实现"科技、时尚、绿色"的高质量发展。数字经济成为主要经济形态，纺织行业将围绕化纤、纺纱、织造、非织造、印染、服装和家纺等重点领域，推动要素资源更新、基础设施重置和市场场景延展。主要表现为以下几方面。

4.3.2.1 消费需求动态变动

纺织服装行业具有较强的时尚性和潮流性因素，消费者的品位及需求处于持续动态变动过程中，从穿着场景、时尚美学、生态健康等方面的消费体验，到工业设计、时尚创意、文化融入、人格表征等方面的消费情感需求，以高质量供给满足高品质生活需求。随之而来的产品结构调整，将围绕适应健康、养老、运动休闲等消费新需求，开发健康舒适、绿色安全、易护理等功能性服装产品；注重电子技术、信息技术与服装技术相结合，发展智能可穿戴产品；推动流行趋势研究和新材料、新技术的应用，围绕产品形态、产品功能、生产流程及消费体验等关键环节，优化和完善全产业链研发体系，提升产品时尚度和客户满意度。需求的多元化、个性化趋势，以及消费者日趋理性，导致服装企业不仅需要具有较强的产品设计研发能力（如产品图案、面料、辅料等），更需要培育能够深刻理解并呈现公司品牌理念、兼具设计研发灵感及时尚潮流敏感性的专业设计师人才队伍，以把握甚至创造时尚潮流。

虽然在2020年受国内及时复工导致口罩、防护服等防疫产品出口较多的影响，制造公司业绩自2020年第二季度以来快速复苏，行业盈利水平快速提升。但服装类产品属于可选消费，受疫情影响依然较大。疫情也加速了全渠道融合的进度和运营能力提升速度，企业通过直播、内容营销、激活私域流量等方式加快数字化升级及供应链提效，行业进入以"质"为先的阶段。

4.3.2.2 行业产业"四化"转型升级

行业产业正聚力研究建立符合纺织行业特色与企业需求的智慧设计公共服务平台，建立完善工业互联网、大数据中心等行业信息基础设施建设，培育生态聚合型平台，引导企业"上云、用数、赋智"。强化公共服务平台，加快成熟、适用的智能制造技术、装备及软件在全行业，特别是中小企业中的推广和应用，不断提升企业的发展韧性与活力。推动一体化解决方案形成和全流程智能制造技术集成，建设数字化、智能化示范车间或工厂，夯实品种更新、品质提升与品牌锻造的基础。

全国纺织服装的重要工业平台既面临数字变革、技术升级、消费升级等重大机遇，也面临外迁与外需双重冲击。"科技、时尚、绿色"的新特征和新趋势越来越鲜明，纺织服装业正抓紧推进产业链、创新链、价值链"三链"协同，加快推动数字化、融合化、绿色化、国际化"四化"转型，打造具有决定供需平衡规模影响力和自主完整产业链把控能力的世界级现代纺织服装产业集群。

4.3.2.3 部分服装产业海外转移加速

随着国内人力成本的不断提升和工人权益意识的提高，企业的相关成本也相应提高。企业通过技术革新，运用智能制造、更加机械化的生产工艺程序、较少的服装品类等以降低人工成本，提高利润水平。同时，鉴于越南、柬埔寨等东南亚国家成本较低、与中国的贸易量相对较大，纺织服装类企业海外布局战略的进度仍在加快。

4.3.3 行业人才需求变化趋势

4.3.3.1 服装行业从业规模稳中有升

我国纺织服装从业人员和企业数量急速增长，从1999年到2010年，我国纺织服装行业从业人员数量稳定、快速增长，从188.01万人增至431万人，年收入500万元以上企业从1999年初的4996家增长到2010年的19143家。2011年，我国规模以上纺织服装企业统计口径发生变化，将门槛从"年收入500万元以上"提高到"年收入2000万元以上"，统计数据有较大变化。2015年纺织服装平均从业人员数425.11万人，2016年规模以上纺织服装企业最高达到 15964 家，纺织服装平均从业人员数为 417.72 万人，到 2020 年全国服装行业工业企业数量 17 万家，服装制造领域从业人数 826 万人。

4.3.3.2 岗位设置变化预示综合素质要求更高

参照《2021 服装行业科技创新白皮书》《中国服装行业"十四五"发展指导意见和 2035 年远景目标》《现代纺织服装产业集群"十四五"规划》《时尚产业人才发展规划》等产业研究和相关政策文件，技术技能的高移化和多样化成为必然趋势。随着信息基础设施和新制造方式、新商业模式不断叠加，新技术、新业态、新机制不断涌现，行业人才结构和素质不能完全适应新时代行业高质量发展的需求，行业领军人才、高端创新人才及高素质专业人才和高技能人才不足，尤其是复合型人才呈现结构性短缺的问题日益突出。众多学者研究认为，服装高技能人才是在服装产业生产和服务等领域岗位一线的从业者中，具备精湛专业技能，关键环节发挥作用，能够解决生产操作难题的人员。该群体普遍具有三个特征：首先，高超的动手能力，如快速设计、精准打样、优质工艺；其次，突出的创造力，如工艺革新、技术改良、流程改革及发明创造；最后，极强的适应能力，比如掌握较多精密技术，从事较复杂的劳动，对邻近专业（工种）工作岗位流动性强。

"亩产论英雄"体制改革下，服装企业"总部经济"战略模式的转变迫切需要增加新纺织材料的研发、服装设计、服装营销等岗位比例，新增服装陈列、店铺管理、电商运营等跨界岗位。而服装样板工艺和生产一线人员需求总量减少，知识和技能要求却提高。这是因为：一方面，生产的自动化、智能化，要求生产一线人员能够使用新设备、运用新工艺，掌握现代生产技术，如计算机辅助制造（CAM）的应用、虚拟缝制软件的使用、智能化纺纱生产线操作等；另一方面，国际化生产经营中需要大量的具有一定外语能力、国际化视野的一线生产技术人员开展技术培训、技术输出和服务。

4.3.3.3 数字化智能化技术技能培养成为教学研究热点

2021 年以来，《"十四五"国家信息化规划》《"十四五"数字经济发展规划》等重大国家战略规划相继出台，加快数字化发展，建设数字中国，成为"十四五"时期的重点任务。据知网、维普等文献网站统计，2021～2022 年度相关数字化、智能化人才需求的产教学研究文献较前两年有将近 40% 的显著增量。徐平华、邹奉元（2019）等探析了信息技术、人工智能、先进制造等多种前沿技术对服装产业的革命性影响，服装产业由生产主导型向高新技术、融合时尚艺术的高附加值方向提升，需要大量中高端、复合型人才。汪玲（2021）从新零售角度研究企业用人标准，提出了随着服装零售企业经营模式转变，人才的知识结构要求更合理，除了传统的运营管理技能外，还需要具有数字化设备应用、数据收集与分析等相关知识。王一焱（2021）等总结了常州纺织服装职业技术学院以高职为主带动欠发达地区中职院校升级人才培养方案、教学设计等经验。吕玉玲（2021）等在中职服装设计与工艺专业项目化教学中，提出了课程项目化、教学过程职业化、能力综合化，构建了基于服装产业真实任务的项目化教学模式。

4.3.4 专业对应的岗位用工特点分析

4.3.4.1 岗位设置情况

据智联招聘、前程无忧51job招聘网站对多个省、市及地区进行的统计数据显示，近三年的纺织服装岗位总数共计8352条，在所有地区中岗位要求大专学历的占比49%（图4-35）。

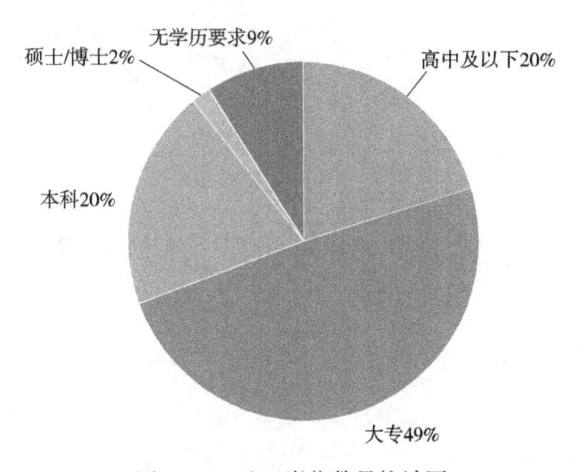

图4-35 地区岗位数量统计图

根据大数据筛选常见的岗位类别，并和服装企业目前岗位设置进行比对，再结合行业发展趋势和毕业生问卷调查结果，汇总成服装设计类、服装技术类、服装营销类三大岗位类别（图4-36），其中服装设计与工艺专业对应的企业主要岗位、职责范围和工作环境，见表4-14。

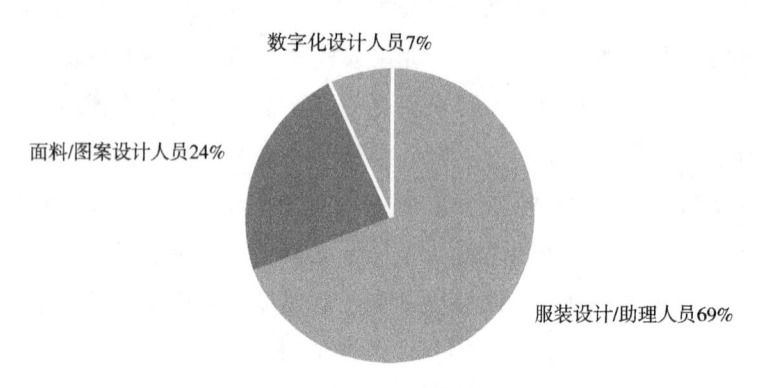

数字化设计人员7%
面料/图案设计人员24%
服装设计/助理人员69%

（a）服装设计类岗位

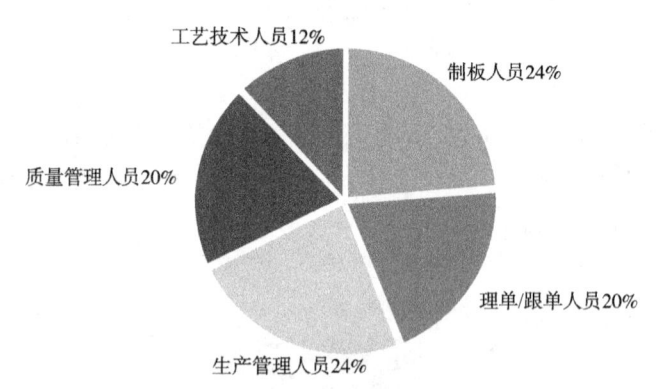

工艺技术人员12%
制板人员24%
质量管理人员20%
理单/跟单人员20%
生产管理人员24%

（b）服装技术类岗位

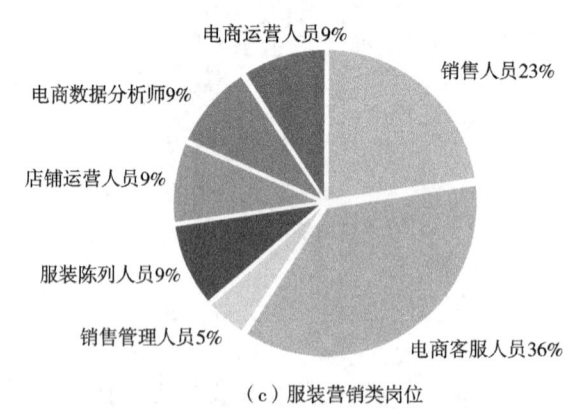

电商运营人员9%
销售人员23%
电商数据分析师9%
店铺运营人员9%
服装陈列人员9%
销售管理人员5%
电商客服人员36%

（c）服装营销类岗位

图4-36 毕业生就业岗位分布

表 4-14 服装专业对应的企业主要岗位

序号	岗位类别	主要岗位	职责范围	工作环境
1	服装设计类	款式设计	熟悉市场调研、款式开发、跟踪样衣制作等 能熟练使用 Photoshop, Coreldraw 和其他相关设计软件	办公室
		图案设计	能够准确把握市场需求与流行趋势,对款式、色彩及面料流行有准确的判断力	
		虚拟服装设计	熟知布料性能及相关类别面辅料的市场价位,擅长控制成本	
2	服装技术类	服装制板	熟悉样板制作、排料、推挡、质量控制等 能熟练使用 CAD 软件及相关打板软件,能熟练进行款式样板制作、掌握生产款式的推挡技能 熟悉生产过程中的质量控制要求	办公室
		样衣工艺师	熟悉样衣制作、样板检验、面料预缩等 能熟练把控板型与工艺质量问题、指导样衣工制作样衣 掌握生产过程中的质量控制工作	办公室
		生产管理	能组织、管理、控制和监督生产系统等 熟练掌握服装生产流程和工艺要求	办公室、生产车间
		3D 建模师	能够进行 3D 服装设计、3D 服装展示等,熟练使用 CLO3D、STYLE3D 等软件 掌握服装缝制工艺和其他相关软件,对色彩、形态有充分的感知和把握能力	办公室
3	服装营销类	销售	能熟练编制销售计划、完成经营指标等 对市场有灵敏的触觉和较强的信息搜集能力,能独立完成品牌营销工作	办公室、门店
		陈列		
		电商		
		运营		

4.3.4.2 岗位人员结构

调研企业岗位年龄结构（图 4-37），60%的企业岗位人员年龄在 30~50 周岁，部分小企业老龄化较为突出，而主打潮流品牌的企业则较为年轻化，如杭州伊芙丽实业有限公司、杭州英涉时装有限公司、宁波太平鸟服饰有限公司均有超过半数以上的 30 周岁以下人员。

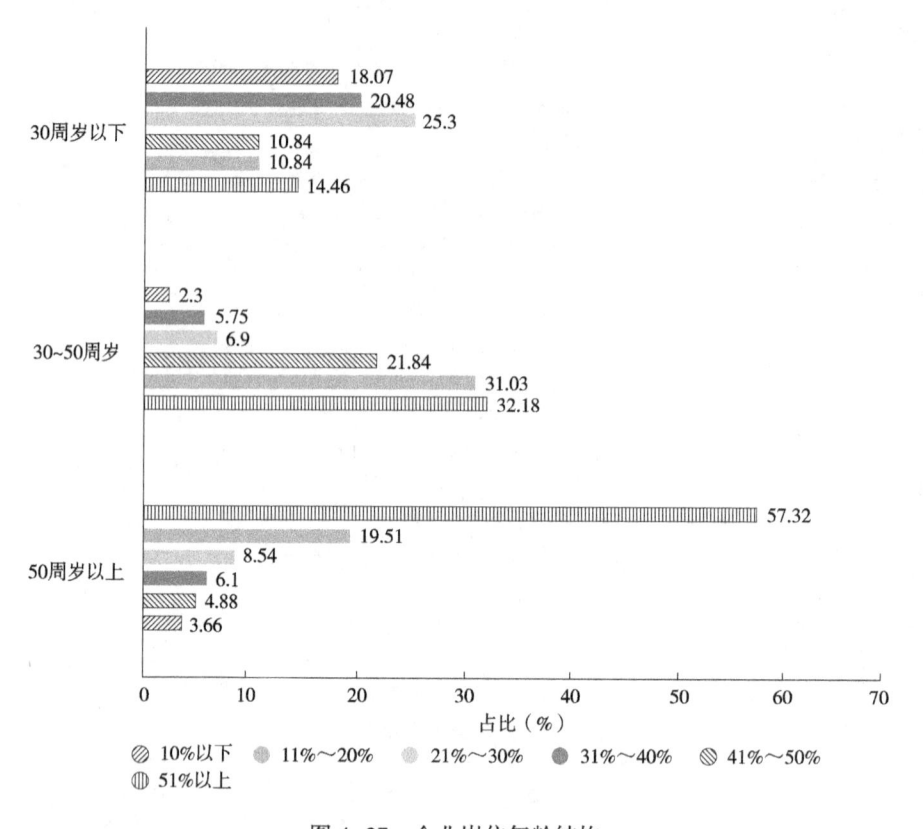

```
                    30周岁以下                     30~50周岁                    50周岁以上
                    18.07                         2.3                          57.32
                    20.48                         5.75                         19.51
                    25.3                          6.9                          8.54
                    10.84                         21.84                        6.1
                    10.84                         31.03                        4.88
                    14.46                         32.18                        3.66
```

图例：10%以下　11%~20%　21%~30%　31%~40%　41%~50%　51%以上

图 4-37　企业岗位年龄结构

（1）服装设计类岗位。目前在岗人数最少，未来一年人才需求量约为在岗人数的三分之一，细分为款式设计人员、图案设计人员和虚拟服装设计人员。招聘专业集中在服装类，60% 为服装设计专业，24% 为服装工艺专业（图 4-38）。招聘学历和技能要求是三类岗位中最高的，其中 11 家企业要求本科以上学历，14 家企业提出持有中级工以上技能证书的要求。

（2）服装技术类岗位。目前在岗人数较多，未来一年人才需求增量最大。细分为服装制板人员、样衣工艺师、生产管理人员和 3D 建模师。招聘专业集中在服装类，其中服装工艺专业占 69%，服装设计专业占 11%。除了极个别企业的样衣加工岗位仅要求初中以上学历，80% 的企业有大专以上的学历要求。在技术证书方面，17 家企业对招聘岗位提出持有中级工以上技能证书的

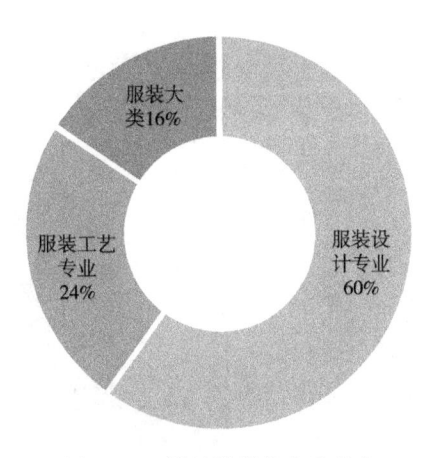

图 4-38 设计类岗位专业分布

要求。目前走在行业发展前列的大中型企业已经开始对员工进行 3D 培训，由此，3D 建模师已经出现了少量需求，未来 3D 建模师会被越来越多企业认可，如图 4-39 所示。

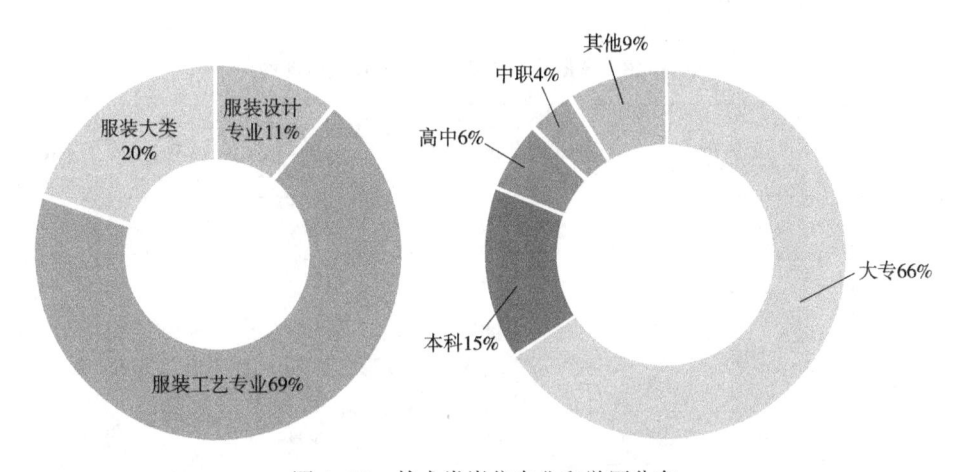

图 4-39 技术类岗位专业和学历分布

（3）服装营销类岗位。目前在岗人数最多，专业要求包括服装类、营销类和贸易类等（图 4-40），其中服装类占 52%。从大数据筛查中，服装营销类岗位需求量大，对专业和技能要求普遍偏低。根据企业人力资源部的访谈得知，该岗位招聘面广、岗位流动性较大，导致了企业营销岗人员不稳定、长期招聘的现象。

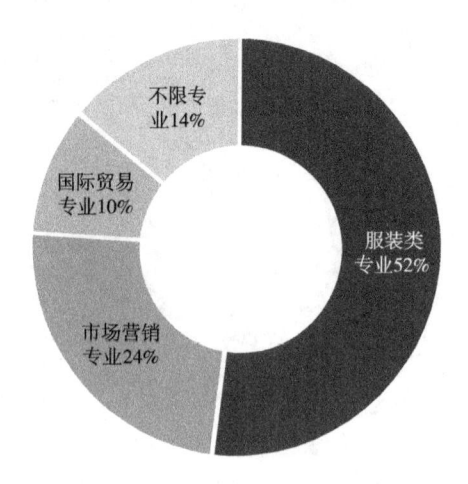

图 4-40　营销类岗位专业分布

4.3.4.3　岗位招聘途径与要求

企业目前的主要招聘渠道以校企合作学校推荐和校招为主，其中大专学生所占比例达到 30%~50%（表 4-15）。

表 4-15　调研企业 2021 年招聘人数和结构

序号	岗位		2021 年招聘人数	其中大专院校应届毕业生	其中大专生人数
1	服装技术	服装设计	279	40%	43%
2		服装制板	144	27%	42%
3		样衣工艺师	190	19%	36%
4		生产管理	232	24%	44%
5		3D 建模师	42	50%	62%
6	服装营销		433	31%	52%

2021 年人力资源和社会保障部印发的国家职业资格清单中，纺织服装类职业人员为技能类，且职业资格仅有 4 个（表 4-16），明确实施部门是纺织行业技能鉴定机构，资格类别分为水平评价类，量化服装技师和高级技师的技能认定，以员工个体为考核对象，以动手能力为主要考核内容。龙头领军企业、科技创新企业自主研发了新技术应用、流程改革等创造力更高的企

用工评价标准，比如雅戈尔、申洲等。

表 4-16 国家职业资格目录服装类技能职业资格

职业资格名称	实施部门（单位）	资格类别
服装制板师	人力资源和社会保障部纺织行业技能鉴定机构	水平评价类
裁剪工	人力资源和社会保障部纺织行业技能鉴定机构	水平评价类
缝纫工	人力资源和社会保障部纺织行业技能鉴定机构	水平评价类
裁缝	人力资源和社会保障部纺织行业技能鉴定机构	水平评价类

调研企业对社会通用的职业资格证书或1+X职业技能等级证书的认可和需求见表4-17。企业认可度较高的证书是国家人社的服装制板师和缝纫工，相比证书，企业更看重专业和技术能力的综合应用，宁波太平鸟服饰有限公司产品中心业务部部长表示，专业技能证书不是企业招聘要求的硬指标，但有专业证书的毕业生会有明显的优势。

表 4-17 企业对员工职业能力技能等级证书的需求

选项	需求占比（%）
服装制板师（国家人社）	69.05
裁剪工（国家人社）	28.57
缝制工（国家人社）	51.19
服装设计师/助理设计师（行业协会）	48.81
色彩搭配师（行业协会）	20.24
服装陈列师（1+X）	13.1

4.3.4.4 岗位待遇与发展

由行业企业专家访谈中可得知，企业重视对服装人才的招聘、引进及培养，各个企业都有相应的入职培训和继续教育。不同的岗位会有不同的发展通道及成长计划，在技术能力要求和职责上会有不同的发展，但都需要具备扎实的专业知识与技能作支撑。以宁波狮丹奴集团为例，三大岗位晋升路线如图 4-41 所示；员工可根据个人专长与偏好合理规划职业发展通道，公司将重点进行专业技能或管理能力的培养，对达到相应任职资格条件的优秀员工进行提拔重用。

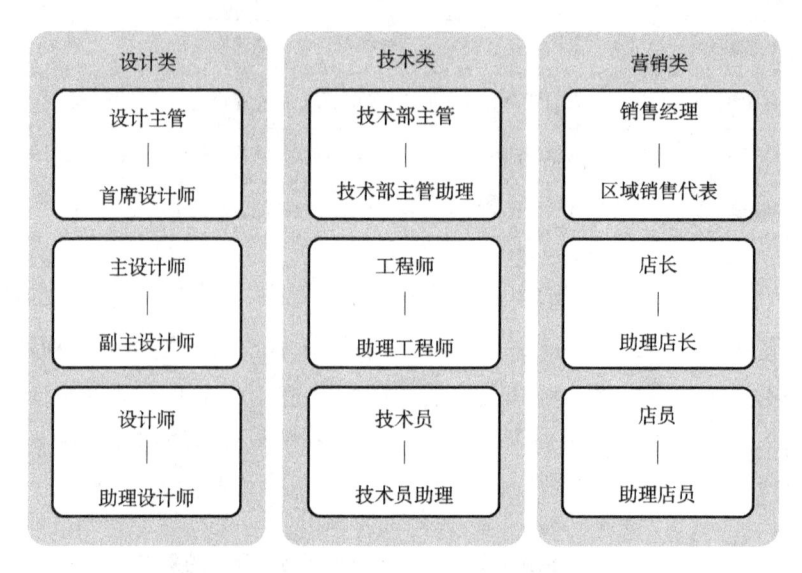

设计类	技术类	营销类
设计主管 ｜ 首席设计师	技术部主管 ｜ 技术部主管助理	销售经理 ｜ 区域销售代表
主设计师 ｜ 副主设计师	工程师 ｜ 助理工程师	店长 ｜ 助理店长
设计师 ｜ 助理设计师	技术员 ｜ 技术员助理	店员 ｜ 助理店员

图 4-41　狮丹奴集团三大岗位晋升路线

从图 4-42 中可见，服装制板人员和服装样衣工艺师的初级、中级、高级岗位薪资较为稳定，涨薪比例不高；服装设计人员和生产管理人员在各级岗

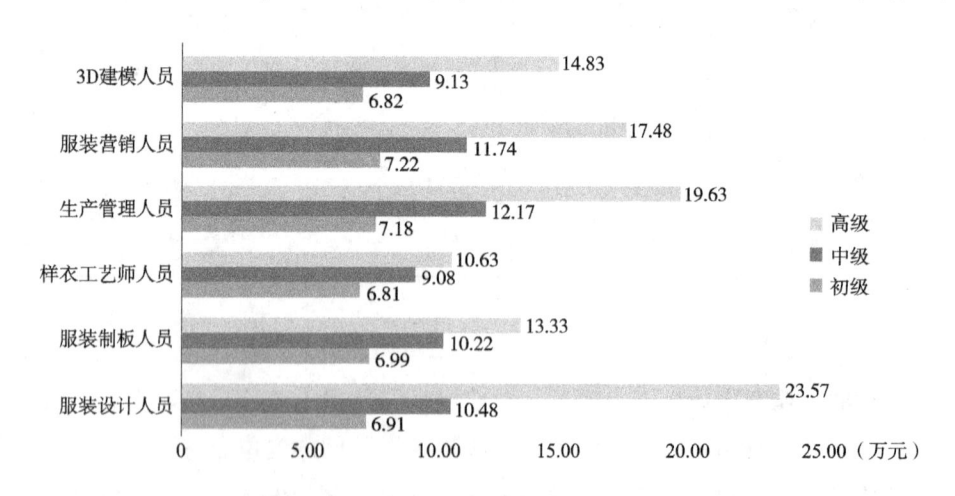

岗位	初级	中级	高级
3D建模人员	6.82	9.13	14.83
服装营销人员	7.22	11.74	17.48
生产管理人员	7.18	12.17	19.63
样衣工艺师人员	6.81	9.08	10.63
服装制板人员	6.99	10.22	13.33
服装设计人员	6.91	10.48	23.57

图 4-42　86家企业六大岗位各个级别的年薪统计

位薪资上涨薪比例较大，个别企业甚至给出了百万年薪。3D 建模师由于尚在发展阶段，样本量较小，未能获得此岗位的相关数据。据毕业生调查统计，80%的毕业生除了工资外，还享受用人单位的保障性待遇。

4.3.5　专业对应的岗位用工需求分析

4.3.5.1　未来 1~3 年岗位设置变化

未来 1~3 年内传统的服装设计、服装样板制作、样衣制作、生产管理和营销岗位依然是各个企业的主要岗位。对比企业近两年内招聘需求，如图 4-43 所示。

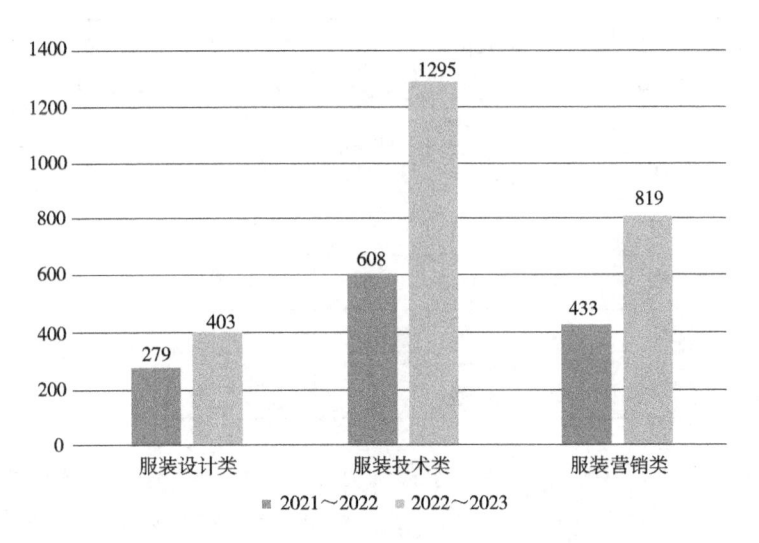

图 4-43　近两年招聘数据对比（单位：人次）

服装设计类岗位需求增量约为 33%，访谈分析得出企业对年轻化、市场灵敏度高、创新能力强、懂设计、会操作的人才求贤若渴。

服装技术类岗位需求增量翻倍，调研分析发现：其一，打样/制板师的需求稳定；其二，生产一线管理类岗位出现翻倍增长，尤其是质检员/质量员等岗位；其三，能量身定制（MTM）建模、服装电脑制板（CAD）、懂工艺工程（IE）及智能制造软硬件的维护等创新人才成为企业智能制造转型升级的核心需求。

服装营销类岗位需求基本持平，数据显示实体销售人员岗位趋于饱和，将增设主播、场控、短视频运营等新兴零售岗位。

4.3.5.2 岗位用工需求变化

针对服装技术类的四个细分岗位用工需求调研分析，不同规模的企业需求见表4-18。大中型企业和小型企业相对发展稳定，用人需求相对稳定，100～500人规模的企业往往在自身发展的空间上需要更多的人才支持，呈现相对其现有规模上成倍的人才需求。同时，对于3D建模类岗位，3D技能助力服装企业设计师快速完成设计，直接为其提供视觉展示，可以为企业节省模特拍照费用和时间成本，对于各个规模的企业都有明显的向上需求。

表 4-18　企业服装工艺类目前在岗和未来需求　　　　　　　　单位：人次

企业规模	在岗服装制板人员	未来一年需求	在岗样衣工艺师	未来一年需求	在岗生产管理人员	未来一年需求	在岗3D建模人员	未来一年需求
100以下	38	18	62	16	94	14	5	3
100～500	193	93	191	102	346	131	37	21
500～1000	92	18	171	60	388	40	19	9
1000～5000	550	93	737	160	1213	168	79	72
5000以上	128	81	250	38	372	105	57	93

同时，企业对尖端技术型人才有迫切的需求，如具有市场灵敏度与创新能力的服装设计类人才，研发面料新工艺、印绣花新工艺的研发型人才，懂工艺、能MTM建模、CAD、懂工艺IE及智能制造软硬件上的维护等创新人才等。对于数字化设计、3D技术的运用、新型面料设计、智能数字化样板、智能生产、数字化营销等新型岗位的人才需求，根据企业和毕业生调研结果总结出六大最重要和次重要职业能力（图4-44），分别是计算机软件绘图能力，数字化产品设计和创新能力，服装打板与样板制作能力，编制工艺技术文件能力，服装搭配与营销能力及应用智能制造技术的能力。

由于各个企业的经营范围和岗位划分的差异，不同企业对岗位的知识能力要求有一定差异，设计类岗位对计算机软件绘图能力有较高的要求，技术类岗位对服装样板制作能力、面料鉴别与应用能力的要求最高（图4-45）。

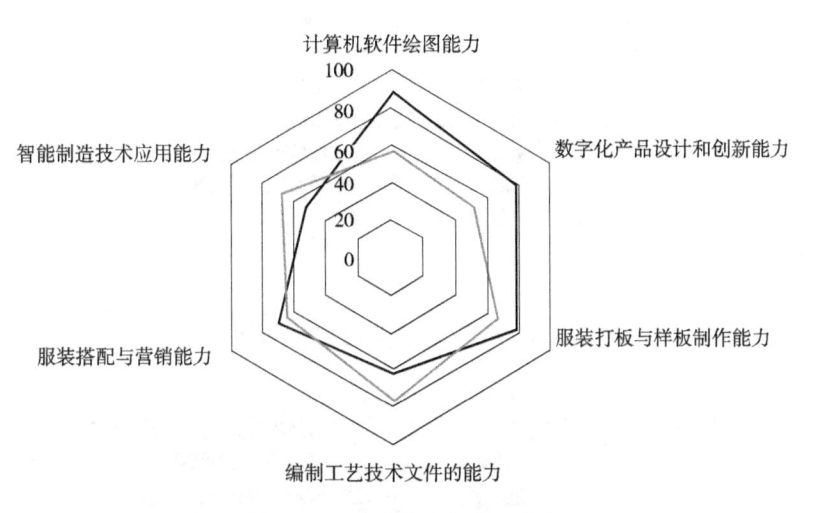

图 4-44　职业能力的重要程度

在素质需求上，企业认为工作责任心是最基本和最重要的，人际沟通和表达及团队协作能力也是工作中不可缺少的基本素养（图 4-46）。沟通与表达能力和敬业精神是企业录取、考察员工最为重要的因素，相对而言，对于职业资格和技能证书的要求并没有很严苛（图 4-47）。Photoshop 是各个企业普遍使用的服装类绘图图像处理软件（图 4-48），本次调研中半数以上的企业已经开始使用 CLO 和凌迪 Style3D 软件等 3D 技术软件，并对学校提出了培训需求。

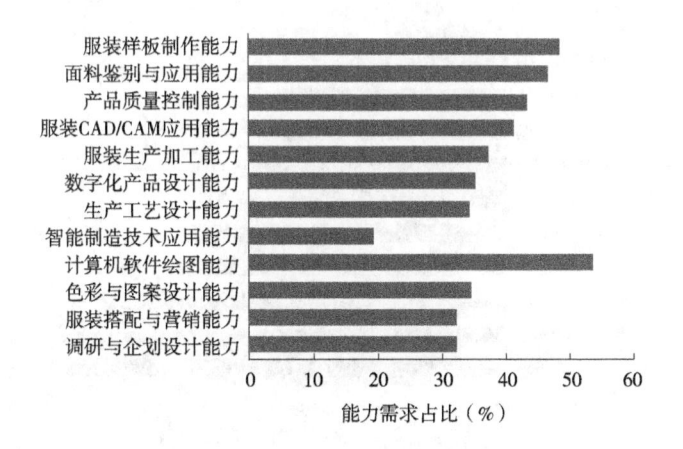

图 4-45　企业专业知识和能力需求

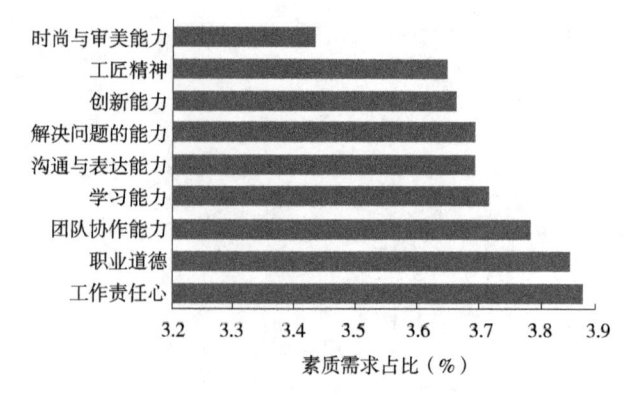

图 4-46 企业对员工的素质需求

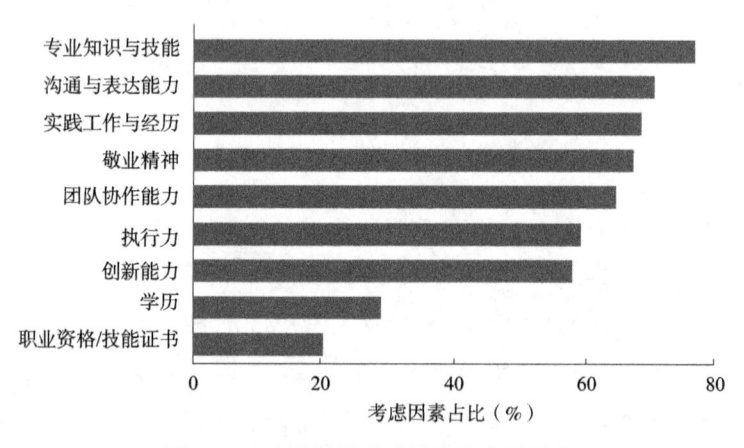

图 4-47 企业选拔人才优先考虑的因素

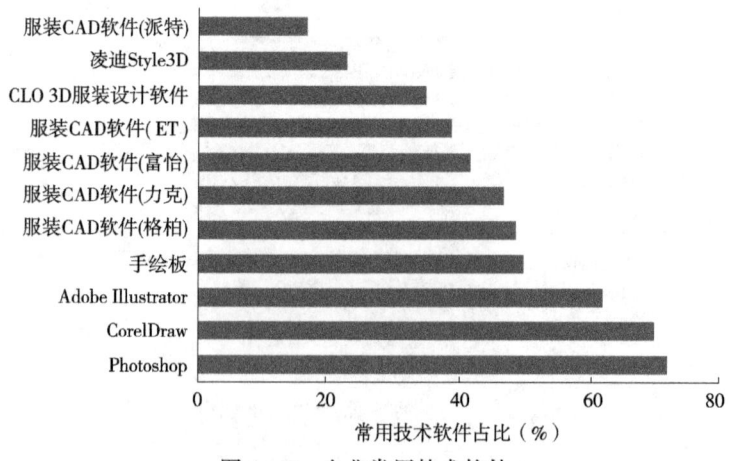

图 4-48 企业常用技术软件

4.3.6 企业对中高职院校举办该专业的具体建议

4.3.6.1 稳步提升办学规模和影响力

中国纺织服装产业，是全球经贸合作的受益者，更是全球纺织服装产业繁荣发展的重要贡献者。以浙江省为例，作为支撑中国乃至全球服装工业体系平稳运行的核心力量和推进全球经济文化协调合作的重要产业平台，浙江省产业用工需求稳中有升，省内服装类中高职毕业生累计达15万人，就业留浙率达到97%（统计来源省招生就业平台数据和各中职院校在校生调查数据），是纺织服装产业的生力军、主力军。服装职业教育有着悠久的办学历史和卓越的企业家、大师工匠，但办学规模近年来出现了小幅缩减，中高职五年一贯制的毕业生与普通毕业生区分度并不大，且八个区域产业特点不同、办学不均衡，导致了五年一贯制毕业生区域内流动就业，出现"水土不服"。建议聚焦省内典型的产业集群区域，发挥中高职一体化办学的作用和影响力，提升用人单位在毕业生质量评价和就业数量上的满意度。服装设计与工艺专业中高职一体化人才培养改革，是应对浙江省打造世界级现代纺织服装产业集群，培养现代纺织服装产业具备时尚素养、可持续发展、技术技能复合型人才的必然选择。

4.3.6.2 多措并举推行校企合作

大多数企业表示非常愿意跟学校开展各种模式的校企合作，如图4-49所示。将专业对口的学生与企业提前建立联系，提前了解企业文化、工作认知，帮助他们调整心态适应企业的工作节奏。校企联合培训，可由企业专家面对在校生、学校教师对企业员工双向培训。学校的教育体系偏向理论性系统性，整体知识面宽而浅，企业则注重实践操作，结合实际操作案例，知识点窄而深，两者有效结合相得益彰，从而在组织和培训结果上形成较高的成效。同时，学校应该将素养教育、职业道德教育等融入日常教学，让学生在校期间对工作岗位所需的职业素养有所了解，任务引入和场景式教学可模拟真实工作情况从而培养学生的责任心、团队协作精神和沟通能力。对于创新教育、素质教育的考核体系，应确定量化性的指标，便于执行和考核。在人才培养中遵循学习、实践、再学习、再实践的过程。学校应多组织就业方面的讲座，让学生清楚目前社会就业形势严峻,好好努力学习知识,准确定位自己,做好自己的职业规划,同时学校多组织活动让学生养成吃苦耐劳的精神,提前安排毕业生进入企业,让毕业生能顺利过渡到企业中,更好地就业。

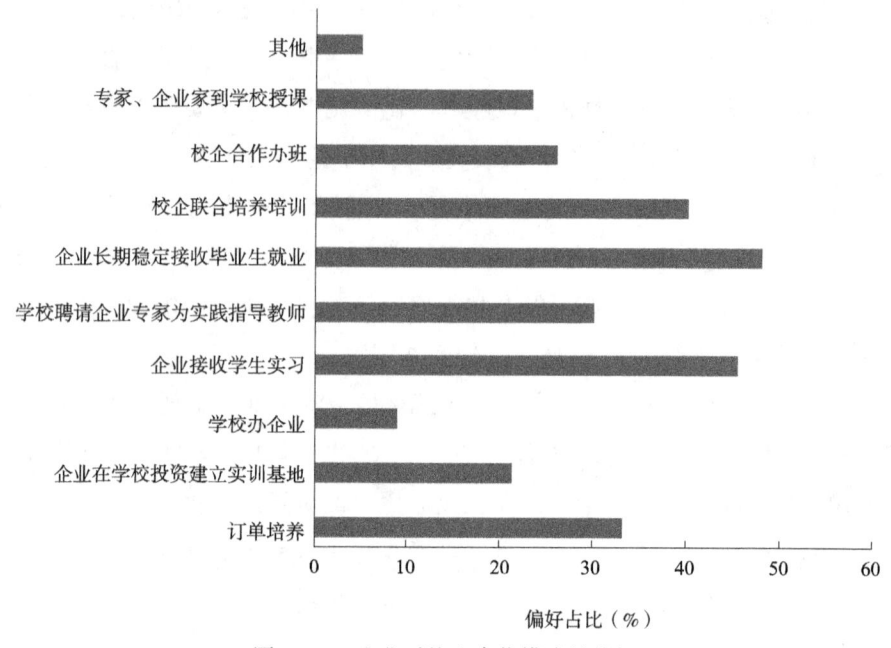

图 4-49　企业对校企合作模式的偏好

4.3.6.3　夯实课程学习和技能训练

企业希望在校生能主动把专业知识和实践操作相结合,巩固和灵活运用专业知识,提高创新思维能力和动手能力,确立未来职业追求的方向性及坚定目标方向,在工作中敢于担当,具有吃苦耐劳和进取精神,有一定的工作抗压能力。从实践能力入手,多学技能,加强服装专业技能的培养,在校课程可以加入更多与实际工作能力挂钩的专业课程,加强人际沟通与团队合作能力的培养。增加计算机软件技能的学习以及各类新媒体、新模式等跨专业、跨领域的学习,拓宽认知视野。了解当下服装大环境动态,及时学习掌握新技能,多参与技术与社会实践相结合的研究学习,将技术研究工作做得更加精湛,养成工匠精神。除专业课程外,可以增设职场心理学、沟通及思维课程活动,帮助在校生将来在面对职场沟通、抗压等方面可以更从容。

4.3.7 服装人才需求趋势与人才培养建议

4.3.7.1 服装人才需求趋势

（1）未来服装产业对人才需求增量主要集中在技术类岗位。服装类岗位用工需求总量稳定，技术类岗位需求增量翻倍，紧缺需求表现在生产技术人才和创新人才方面。传统的技术类岗位，如样板制作、样衣制作、生产管理岗位，普遍提高了对计算机软件绘图、面料的鉴别与应用、服装样板制作等能力要求。生产一线管理岗成为技术类岗位的主力军，人才需求表现出强劲的增长趋势，尤其是质检员或质量员等。懂 MTM 建模、CAD、工艺 IE 及智能制造软硬件的维护等创新人才已成为企业智能制造转型升级的核心需求。

（2）产业转型升级对服装技术人才提出了更高素质的要求。产业从外延扩张到内涵式发展的转型升级，服装技术技能的高移化和多样化成为一线工作人员发展的必然趋势。本次调研中半数以上的企业已经开始使用服装类常用 3D 技术软件，并对学校提出了培训需求。智能数字化样板制作、智能生产、数字化营销等新兴岗位的人才需求，在杭州、宁波、温州呈现多点增长态势。另外，企业用工对高技术应用、综合素质要求显著提高。比如具有市场灵敏度与创新能力的服装设计类人才；具有面料、印绣花新工艺研发能力的高素质人才。

（3）目前的技术人才培养体系不能充分满足产业发展需求。中国要打造世界级现代纺织服装产业集群，需要培养大量具备时尚素养、技术技能的复合型人才，拥有可持续发展能力的职业教育人才支撑产业转型升级的实现。单学段的中职、高职培养难以满足上述企业对用工的需求，中高职贯通培养具有显著的优势，但一定要立足当下服装大环境动态培养，课程内容重复避免重复，聚焦高技术技能培养的连续性是本次中高职一体化课改突破口。

4.3.7.2 服装人才培养建议

以浙江省为例，对服装行业企业的人才结构现状、供需情况、企业人才需求状况的进行调研，分析讨论了服装行业发展趋势以及对企业对人才需求的趋向，就中高职一体化专业办学、人才培养聚焦区域特色、人才培养定位等方面提供对策建议如下：

（1）中高职一体化专业办学布局和规模可适度增加。从调研企业的分布来看，服装专业毕业生就业主要分布在浙江省内，并且就业以服装产业集聚的城市为主，服装产业零散的中小城市相对较少，每个区域的产业特色不同，可考虑办学布局下沉至纺织服装产业集群。

（2）服装设计与工艺专业人才培养聚焦在区域特色培养。民营企业、规上企业、专精特新中小微企业，积极探索具有地方特色的校企合作模式，教学改革和技术技能服务更多向民营企业聚拢，民营企业承载着更多的就业机会。

（3）服装设计与工艺专业中高职一体化人才培养定位应面向服装产业生产和服务等领域。服装设计与工艺专业中高职一体化人才培养目标为具有设计、制板、生产工艺等核心能力，掌握数字化技术、会营销推广，并具有宽广的视野、工匠精神、创新意识等职业素养的服装高技术技能人才。毕业后经过1~3年的企业锻炼，能够解决关键环节或生产操作难题，进而成为服装行业骨干人员。此外，专业课程体系的构建应从企业实际需求和就业导向出发，加大学生对智能化制造技术、数字化处理技术和3D技术等新技术的学习，增强学生的审美能力和创新能力，拓宽国际化视野。培养模式上勿要专一在单一门类技术学习，建议串联设计、加工、销售等价值链环节，并联智能制造环节进行链合式学习，突破专门人才培养的局限。

第5章 服装专业数字化人才培养与中高职一体化设计

5.1 服装专业核心技能与长学制培养

随着服装产业时尚化、数字化、智能化的发展，新工艺、新设备、新工具大量涌现，大多数企业对高技术、复合型人才有着迫切的需求。对于服装设计与工艺专业对应岗位群的任务分解需按照产品的生产过程和工艺流程进行，并将结合专业工作的特点和岗位需求。处于行业新发展阶段的服装类专业，对服装人才企业岗位需求的研究，岗位职业能力的研究，专业人才培养课程建设的研究，专业人才培养目标定位的研究应按照工作的对象进行分解；工作领域、工作模块、工作任务的分析对象是职业岗位。服装设计与工艺专业职业能力的分析对象是面向时尚化、数字化、智能化背景下的高素质技术技能人才，分解逻辑要依据培养具有设计、制板、生产工艺等核心能力，掌握数字化技术、会营销推广，并具有宽广视野、工匠精神、创新意识等职业素养的服装高技术技能人才为目标导向，同时兼顾职业能力对应的教育价值。

服装设计与工艺专业对应岗位的职业能力是其在与工作直接相关或相关联的情境中需要履行的职业责任以及完成工作任务所需的知识、技能和素质。经过对服装设计与工艺专业人才需求调研报告归纳总结的岗位群中需要完成的任务进行分解，由岗位专家书写、分析专家判断整合以及教学化处理结果的确认，最终研究成果呈现出服装设计与工艺专业对应岗位群的工作领域和工作模块。

基于工作领域的研究发现，服装三大岗位群的具体工作任务包含85项。

其中市场分析包括品牌分析、竞争品分析、新品品类规划、流行趋势调研和灵感主题制订等工作任务；服装设计涉及款式设计、色彩搭配、图案设计、面料设计、工艺细节设计、设计（BOOK）模块制订、图案绘制、款式绘制、面料再造、开发执行、产品拍摄等工作任务；服饰品设计与搭配包括服饰品品牌调研、服饰品企划、服饰品设计、服饰品搭配、服饰品拍摄等工作任务；服装3D技术涉及软件工具使用、复杂款式服装建模、复杂款式工艺表达、面料数字化表达与调用、面料数字化贴图操作、主题设计表达、服装造型表达、数字场景表达等工作任务；板型设计涵盖款式分析、材料分析、结构分析、结构图绘制、基础样板制作、样板核验、档差设置、放码推板、排料划样、立体原型制作、款式制作、造型设计、板型转化、CAD样板库维护、CAD样板库使用等工作任务；工艺制作包括款式工艺分析、工艺设计制作、工序文件编写、面料裁剪、工艺缝制、服装修正定型、成衣拆改翻新等工作任务；品质管理涉及过程质控、入库成品、半成品检验、成品检验等工作任务；工业生产技术涵盖工序分析、工时测量和标准工时制定、动作分析、流水线组织、精益管理、服装工艺部件制作、电脑绘制、工艺模板的制作等工作任务；立体裁剪包括原型制作、原型款式变化、造型设计、版型制作等工作任务；服装定制技术涉及客户形象分析、定制造型设计、定制人体测量、定制样板制作、定制面料处理、定制服装缝制等工作任务；服装理单跟单包括面辅料整理与确认、产品确认、品质要求传达、货期确认、客户、供应商沟通与衔接、品质把控、货期跟进等工作任务；服装营销推广包括目标群体分析、产品组合策略、商品陈列、销售分析、线上商品管理、定价管理、商品上架、商品搭配、活动策划、推广工具运用等工作任务。基于此，为了更为精准地获得服装类三大岗位群面向时尚化、数字化、智能化背景下高素质技术技能人才的要求，需在工作领域、工作任务分析的基础上，研究开发289项具体职业能力标准。

前期3省8个地区30所中高职院校调研发现，中高职与企业之间的合作育人愈发紧密，专业人才培养也努力与行业企业工作岗位的需求相匹配。同时，教学现状对比中，也发现目前服装专业人才培养仍存在一些典型问题，"3+3"与"3+2"目前中高职衔接在人才培养规格、职业面向以及核心技能要求等方面出现同质性和差异化，高职开办的服装类专业定位，对接服装产业链，涵盖产业链设计、制造、营销推广并在专业定位描述上对接产业转型升级，除了传统的设计、制板和管理方面外，均有数字化设计和智能化制造岗位人才的培养和相关岗位设置。而13所中职院校在人才培养定位和目标方面差异较大、与高职衔接不合理。培养模式上出现了对单一门类技术进行学习的情况，部分中职所在区域出现产业发展不平衡以及不同区域对中职学生必修的文化课等要求不一致的情况。

基于上述，遵循学生成长发展规律，中职需适当缩小岗位群范围，聚焦服装专业核心能力和核心素养；高职需紧跟地方产业发展，适当扩大职业面向范围，在服装设计、技术和营销等领域提炼必要的职业能力和职业素养。职业能力标准分析逻辑应从企业实际需求和就业导向出发，遵循学生职业能力由低级向高级、由简单向复杂螺旋式发展的成长规律，结合职业能力和职业技能等级标准，明确中高职人才培养定位和各学段目标侧重，递进培养学生的综合职业能力。

职业能力教学化处理是长学制培养质量保障的重点。基于工作任务与职业能力转换逻辑，结合岗位任务组织规律、学习规律、教学规律，简单任务、典型任务、复杂任务等需进行剥离或合并，分解成理论知识、实践知识和技能要求等。教学化处理以核心素养为指导，对职业知识结构、实践的行动逻辑等推演组合，尤其是对复杂的岗位任务呈现出的多元、异质、跨界、跨领域等特征进行课程组织层面的解析，增加和删减能力条目，提高任务的教育价值，最后以学习的顺序和知识能力的难易程度重新排序，制订市场分析、服装设计、服饰品设计与搭配、服装3D技术、板型设计、工艺制作、品质管理、工业生产技术、服装定制技术、服装理单跟单、销售管理、线上商品运营12个工作领域，34个工作模块，85个工作任务，289项职业能力，并针对各条职业能力的学习内容进行均衡化处理，使其学习量大体接近。

5.2 教育数字化技术驱动一体化设计

2020年之后的两年多来，线上教学成为教学运行的主要方式，依托各级各类在线课程平台、校内网络学习空间等，积极开展线上授课和学习等在线教学活动，实现"停课不停教、停课不停学"，由此，线上教学的常态化使大量的人工智能、数字技术等应用于教育教学领域，动画、虚拟仿真等技术极大地丰富了教学内容的表现形式，线下教学内容的压缩，使复杂的教学内容或者复杂教学条件都能在有限教学时间内获得最大化。

前期研究选取了高职院校在校生作为研究对象，设计了"高职院校学生在线学习情况"调查问卷，通过问卷星平台发放给学生，调查共收到有效问卷 6908 份，其中男生 2518 人（36.45%），女生 4390 人（63.55%）。并采用 SPSS 进行统计学分析，主要进行描述性分析和回归分析信度系数值为 0.707，大于 0.7，说明信度较好，可用于进一步分析。

通过调查发现，在校生对线上教学非常满意和比较满意的合计占比 86.04%，学生反馈学习效果整体良好（82.4%）；线上上课过程中，84.6%的学生可以顺畅地与老师沟通；88.2%学生能够利用老师提供的学习资料，如课件、视频等开展自主学习；91.1%对老师提前布置的在线教学目标、要求等有较清晰的理解；但在课程任务完成方面，仅有 55.6%的学生能够完成所有课程的任务。

同时，根据表 5-1，在线上教学活动形式方面，学生喜欢程度依次为投票（23.3%）、小组讨论（14.7%）、抢答（13.9%）等；在课程资源方面，学生认为比较欠缺的程度依次为课程大纲（20.2%）、视频资料（15.3%）、案例分析（15.4%）；通过线上课程学习，有助于提升学生的自主学习能力，锻炼自身的学习拓展能力等；但学生整体的自律性有待提高，线上学习过程中 34.6%的学生可以完全自律，基本自律学生占比 51.9%。由此可见，学生更喜欢整体参与度高的教学活动形式，同时希望教师可以提供更加生动直观的教学案例，激发学生的学习兴趣，提高学习的主动性。

表 5-1　学生对线上教学的期待与反馈

变量	选项	响应个案数	百分比（%）
喜欢的线上教学活动形式	投票	3178	23.3
	选人	1616	11.8
	抢答	1900	13.9
	问卷	1685	12.3
	小组讨论	2006	14.7

续表

变量	选项	响应个案数	百分比（%）
喜欢的线上教学活动形式	头脑风暴	924	6.8
	小组任务	1259	9.2
	测验	662	4.9
	其他（可填写）	418	3.1
你认为线上课程中哪些资源比较匮乏	课程大纲	2451	20.2
	老师教学PPT	1645	13.5
	视频资料	1859	15.3
	网络资料	1386	11.4
	案例分析	1868	15.4
	题库	1442	11.9
	在线测试	887	7.3
	其他（可填写）	605	5.0
对比传统课堂，通过线上课程学习，你的收获	获取更多课程相关知识	3929	55.8
	获取更多的课程拓展知识	3072	44.4
	锻炼自身的学习拓展能力	2910	42.1
	提升小组合作学习交流的能力	1973	28.5
	自主学习能力	3196	46.2
	增强了主动参与的积极性	2054	29.7
	改善了师生关系	1080	15.6
	改善了同学关系	933	13.5
	其他（可填写）	223	3.2
你在上网络课时，能做到	完全自律	2389	34.6
	基本自律	3583	51.9
	一般	823	11.9
	很难自律	82	1.2
	根本无法自律	31	0.4

随着线上教学的推进，线上教学资源呈"井喷式爆发"，中高职教师在大学生慕课平台、智慧职教、智慧树等平台上积累了大量线上资源，为学生自主学习和教师线上教学提供了大量的素材，但是在同步反馈中发现，教学过程中教师教学目标的清晰与否直接会影响学生的在线学习效果。刘思强（2022）在研究中也指出，学习资源、课程内容等是对大学生在线学习的满意度影响非常显著。长学制教学中学生专业浸润长达5~6年，随着教育数字化技术的应用，师生间的沟通欠缺、学生的自制力不足等问题暴露明显，制约了学生学习效果和职业自信，亟须进行一体化设计。

5.3 数字化人才培养的核心问题

教师队伍是教育发展的保障。对于职业教育而言，一支数量充足、结构合理、专业能力强、育人水平高的师资队伍是支撑职业教育改革，提升技术技能人才培养质量的关键所在。

根据调研数据分析双师型教师占比，38%调研单位的服装类专业双师素质教师占专业教师比达到90%，双师素质教师占专业教师比在80%~90%的院校占比为20%，双师素质教师占专业教师比在70%~80%的院校占比为13%，有接近20%的院校双师素质教师占专业教师比不足50%，如图5-1所示。大部分学校的双师型教师占比较高，符合教学标准要求。

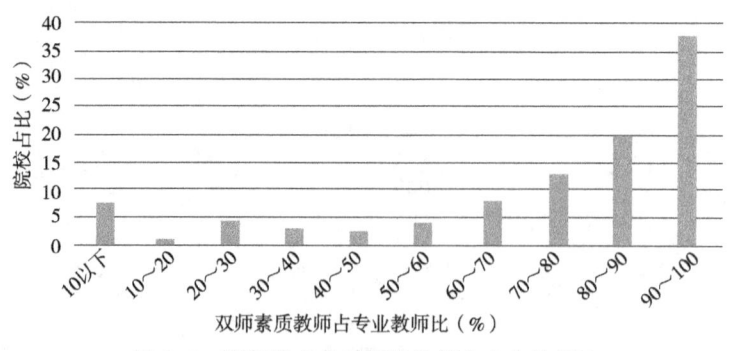

图5-1 服装类专业双师型教师占专业教师比

从表5-2可知，在专业师资年龄情况方面，中高职院校服装设计与工艺相关专业教师资队伍均以35岁及以下的中青年教师为主；从学历结构看，中职的教师队伍以本科学历为主，高职的专业教师以硕士学历居多；在师资队伍结构方面，中高职院校师资队伍均以专任教师和双师型教师为主，高职院校师资队伍中兼职教师及企业导师的数量远远多于中职学校；在教师的职业资格情况方面，中高职院校师资队伍主要由具备高级技师、技师及高级工职业资格的教师群体构成。

表 5-2 服装设计与工艺相关专业的专业师资情况（平均人数）

项目		中职学校	高职院校
年龄情况	35 岁及以下	6	4
	36~45 岁	6	8
	46~54 岁	2	2
	55 岁及以上	0	1
学历情况	博士	0	1
	硕士	1	8
	本科	12	5
	专科及以下	0	0
职称情况	正高级	0	1
	副高级	5	4
	中级	5	8
	初级及以下	4	2
结构情况	专任教师	7	8
	兼职教师	1	4
	双师型教师	7	8
	企业导师	1	2
职业资格情况	高级技师	2	2
	技师	6	4
	高级工	4	3
	中级及以下	0	1

续表

项目		中职学校	高职院校
企业工作经历	0~2 年	4	4
	3~5 年	2	2
	6~9 年	0	1
	10 年以上	0	1

从生师比情况看（图 5-2），中高职学校服装设计与工艺专业的生师比在（20~25）∶1 的范围，同时也有 20% 的中职学校生师比小于或等于 20∶1。

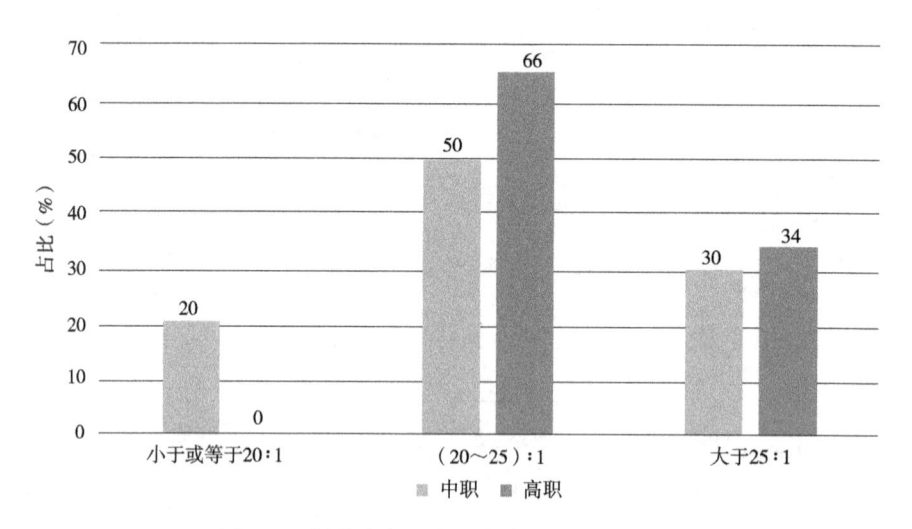

图 5-2 服装类专业在职专业教师生师比情况

调研显示，中高职衔接人才培养教学过程中，单考单招与区域单考单招院校开展教研活动频率是一学期一次的占比最高，占比 42.24%；其次是 3+2 贯通培养院校间活动一学年一次，占比 23.28%；一学期两次频率以上占比 21.55%；少于一学年一次的院校，占比 12.93%，如图 5-3 所示。总体而言，合作院校之间的教研活动频率不高。并且根据深度访谈，合作院校之间的教研活动形式也较为单一，并未就教学内容、深度、形式等深层次问题展开讨论。访谈中，中高职院校教师均表示，希望未来能开展常态化的教研活动，推动教学内容衔接、学生管理衔接、企业资源衔接等全方位的沟通，将中高职衔接落到实处。

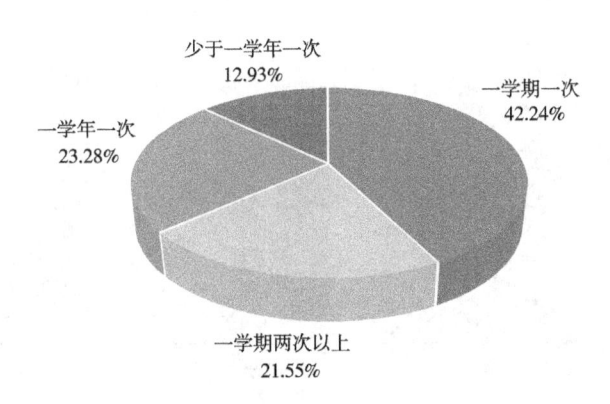

图 5-3　与区域内单考单招高职院校教研活动频率

教师培训是提升教师专业能力、教学能力及个人素养的重要途径。从教师培训形式看（图 5-4），目前大部分中高职院校服装类专业教师的培训以专项技能提升培训为主，占比 81.3%，校本培训和专题培训紧随其后，占比 62.5%。从培训内容来看，各中高职院校对教师教学能力提升、科研能力提升和专业技能提升都很重视，从图 5-5 可以看出，中职学校主要在教师的教学能力提升培训，占比高达 100%；而高职院校则主要在专项技能的提升培训，占比也在 88%。

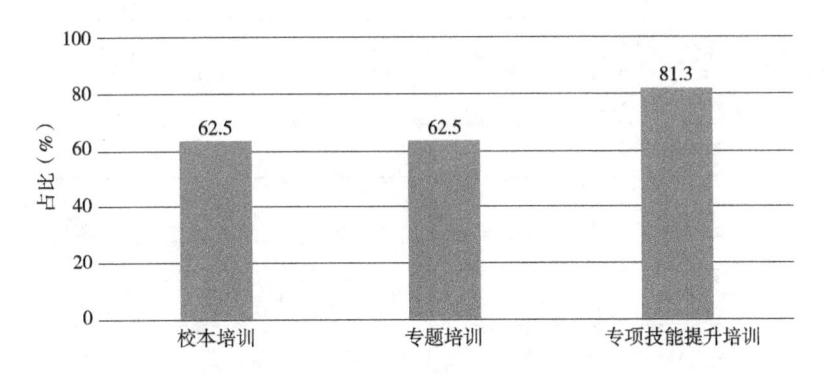

图 5-4　服装类专业的教师培训形式分布情况

关于学校服装类专业师资队伍的评价（表 5-3 和表 5-4），高职教师、中职学生及高职学生对学校当前服装设计与工艺专业师资的满意度较高，均在

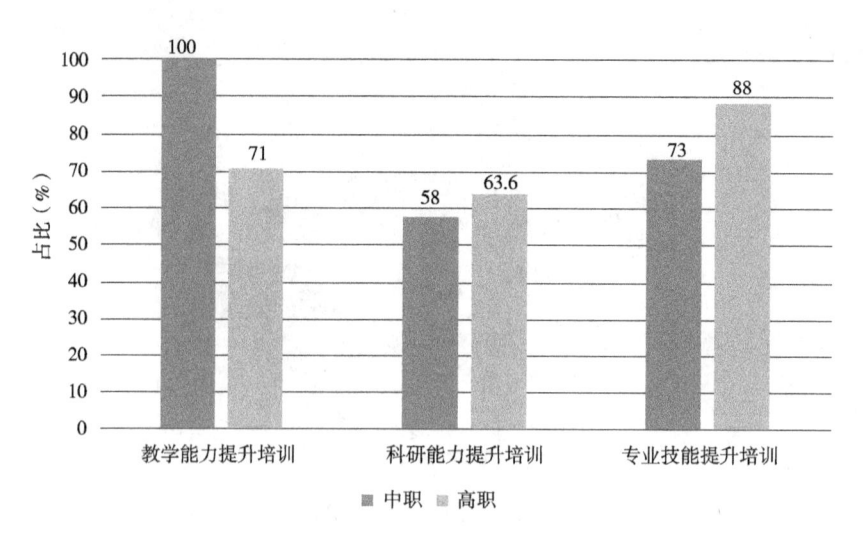

图 5-5　服装类专业的教师培训内容分布情况

4.10 分以上，介于"非常满意"与"比较满意"之间，中职教师对学校师资队伍的整体评价相对较低，为 3.92 分，尤其在教师数量及队伍结构方面的评分仅为 3.89 分。

表 5-3　教师对服装设计与工艺专业（方向）师资情况的满意度评价（平均分）

项目	中职教师	高职教师
教师数量与队伍结构	3.89	4.03
师资队伍水平	3.94	4.27
教师培训机制	3.94	4.17
整体评价	3.92	4.16

表 5-4　学生对服装设计与工艺专业（方向）师资情况的满意度评价（平均分）

项目	中职学生	高职学生
教师的数量	4.16	4.15
教师的教学水平	4.18	4.16
教师的专业技能水平	4.19	4.17
整体评价	4.18	4.16

5.4 产教融合共同体解决数字化技术技能培养困境的内在机理与功能价值

2023年1月，中共中央办公厅、国务院办公厅印发的《关于深化现代职业教育体系建设改革的意见》（以下简称《意见》）提出："支持龙头企业和高水平高等学校、职业学校牵头，组建学校、科研机构、上下游企业等共同参与的跨区域产教融合共同体"，其目的是根据中国式现代化建设的需要调整职业教育系统的边界和主体结构，将龙头企业、高水平高校、职业学校和科研机构整合到职业教育系统之中，全面强化职业学校与外部的社会联系。行业产教融合共同体是深化产教融合、校企合作的一种新型组织系统，也是中国式职业教育现代化的战略性、全局性、基础性制度设计。

基于前期中高职一体化教学困境研究，以服务服装柔性制造产业数字化发展为宗旨，以服装柔性制造专业群建设为纽带，在相关政府部门、行业组织、科研院所、普通高校、职业院校、纺织服装行业上下游企业等，按照平等自愿、互利共赢、开放共享的原则，联合发起并成立服装柔性制造产教融合共同体，是贯彻落实《关于深化现代职业教育体系建设改革的意见》落地方案，是解决当前服装类专业中高职一体化贯通培养困境的最佳方式。

5.4.1 构建"三层次一网络"校企合作组织体系，贯通产教供需"主动脉"

服装柔性制造业产教融合共同体主动与专业匹配度高的头部企业对接，吸纳优质创新型服装企业加入共同体，以各地市域职业院校为基础起点建立多个共同体工作站，形成领导小组、工作站、专门工作组为三个层次，以跨省域工作站组成的网络为"一网络"的"企校合一、跨界协同"共同体组织体系。

产教融合共同体规范企业参与资源建设、专业建设的权利和义务，整合省内外、校企之间生产性实训基地、应用技术协同创新中心与工程技术研究中心等产教资源，通过专门执行机构数据采集和调研分析，定期在"企校合一、跨界协同"共同体平台发布行业发展报告、人才需求趋势、人才供需清单和技术供需清单，遵循技术技能人才培养规律，开发系列产学合作协同项目，拓展校企协同育人途径，精准对接行业企业复合型人才培养需求，"技能方向互通、实训设备互用、教学内容互商、校企人员共享、技术标准共研、工程项目共建"的"三互三共"动态产教供需脉络。

5.4.2 设计校企协同、中高职一体化人才培养，实现共同体产教"造血"

一体化设计中职、高职、本科、研究生教学标准，畅通技术技能人才培养通道，促进两类人才融合发展。开展服装产业人才需求调研和人才培养现状调研，提取中高职服装人才培养层次、职业面向、基本特征等，研究形成聚焦服装柔性制造领域"数字化、时尚化"特征的职业能力标准。聚焦课程开发技术，引入有效的工作任务分析方法，推演"纵向核心技能贯通、横向工作领域融通"的中高课程体系和教学组织模型，形成具有地域特色、术语规范统一的中高职一体化服装专业教学标准、人才培养方案指导性意见。

进而，以职业教育标准、行业企业标准和岗位等级规范为依据，联合行业头部企业实施以模块化职业能力认证为核心的服装柔性制造技术技能人才培养模式改革。校企双方在人才培养方案研制、专业教学标准开发、专业课程体系构建、教学创新团队建设、实践教学条件提升等方面通力协作，优化重构理论课程体系和实践教学体系，共同编制修订委托培养、订单培养和学徒制培养的人才培养方案，校企"双元"师资互兼互聘，建设一批省级以上"结构化"双师型教师创新团队。定期发布招工和招生预告，加大企业就业岗位供给，定制课程标准和岗位实习标准，实施现场工程师专项培养计划，将行业企业开发的新技术、设计的新工艺、制定的新规范纳入专业教学标准和课程教学内容。

院校开放培训机构和继续教育机构，建立与学历继续教育相衔接的培训体系，搭建人才成长"立交桥"。依据企业员工知识更新、技术提升、综合素质提高需要，共同体通过统筹共同体内继续教育资源、遵循成人在职学习规律灵活组织教学、改革学历继续教育专业人才培养方案、系统设计开发培训课程、实施学徒制度、建立行业人才交流平台、提供奖励和激励机制等措施，面向服装柔性制造行业新业态、新职业、新岗位，广泛开展技术技能培训，为企业员工、学校教师提供层级完整的一站式培训解决方案。推进学历继续教育专业课程内容与培训证书要求相衔接，制订共同体内课程互选、学分互认管理办法，建立学习成果认证、积累与转换机制，在共同体内实现学习成果互认，培训成果按一定规则认定为学历继续教育专业课的学分，制定专业学历继续教育成果在职业技能等级证书考核中的折算办法。

进一步支持普通高校联合共同体成员企业招收符合硕士、博士研究生报名条件，且在生产一线工作的企业优秀员工，以职业需求为导向、以具备一线操作能力和系统解决方案的综合能力培养为重点，采用校企合作方式培养拔尖技术技能职教团队，探索产教融合、校企合作、校校联合培养领军型的技术人才培养机制。

5.4.3 联合建设服装柔性制造技术创新中心，驱动共同体产教"活血"

联合行业头部企业带动产业链上下游企业开展产业核心技术研发，加强产业标准认证，组织纺织服装产业标准研究和制订，推动产业升级和质量提升，提高企业竞争力和产品质量。针对企业遇到的技术瓶颈问题，通过企业"发榜出题"、学校"揭榜挂帅"的形式开展专项科研攻关，将学校科研活动有组织地与企业的生产实践紧密结合，打通校企科技成果转化应用的"最后一公里"。

协同推动（名师）和工匠人才创新工作室、技能大师工作室建设，通过联合攻关、项目立项、横向课题等方式，服务企业项目研发、技术革新、流程再造、工艺改进、成果转移。鼓励和支持教师参与一线科研实践和技术创新，加强学术交流、进修深造、高端培训，造就一批领军人才、建设一批创新团队、推出一批创新成果，并构建科研反哺教学的长效机制。

校企共同打造国家级纺织服装应用技术协同创新中心、新一代人工智能技术应用服装柔性制造行业研发中心等高能级科技创新战略平台，培育高层次智能制造科技人才，推动高水平科技成果转化与示范推广。

支持战略合作伙伴企业创建国家级、省级产教融合型企业，助力企业获取国家优惠政策倾斜和组合式激励。与头部企业深度合作，凝聚行业企业的科研中坚力量，重点围绕服装柔性制造建设和数字化运营管理目标，开展数字服装、柔性制造等领域关键技术研发与科技成果转化，解决服装 3D 设计、生产智策智导、新媒体运营等领域的热点难点问题，培养具有服装数字设计与柔性制造技能的人才队伍，为服装柔性制造产业高端化发展提供原动力。

5.4.4 共建服装柔性制造虚拟仿真教学资源和装备，实现共同体产教"输血"

将"双高计划"建设与服装先进制造业建设试点有机结合，支持双高校发挥学科、师资、科研、平台等方面优势，联合共同体成员企业、院校，构建服装柔性制造虚拟仿真数字教学资源与真实实习实训平台；支持双高专业群，联合共同体成员单位分专业、分领域建设一批产教融合实训基地，开发系列实习实训课程，总结系列新技术应用案例，改造系列服装制造工作流程和设施设备，打造几个服装柔性制造典型示范教学装备线。建设纺织服装企业员工高端培训进修基地、纺织服装院校师生高端培养研修基地、纺织服装中职学生研学旅行实践基地以及集实践教学、社会培训、真实生产和技术服务功能为一体的开放型大型产教融合实践中心，构建"校企一体、产学研一体、数字孪生"的服装柔性制造实习实训体系。

5.4.5 创新共同体国际交流与合作机制，激发共同体产教"新动力"

发挥共同体国际合作办学优势和优质企业"一带一路"影响力，通过举办世界职业技术教育发展大会和世界职业院校技能大赛，推动成立世界职业技术教育发展联盟，教随产出、产教同行，引进国外先进的技术和管理经验，推出一批具有国际影响力的专业标准、课程标准，开发一批国际化教学资源、教学设备，推广"中文+职业技能"项目，服务国际产能合作和中国企业走出去，培养国际化人才和中国企业急需的本土技术技能人才，提升中国职业教育的国际影响力。

5.4.6 发挥党建引领作用，促使共同体产教"铸魂"

充分发挥校企思想政治工作优势，深入挖掘纺织服装行业红色基因、传承红色文化，弘扬纺织大工匠精神。将省内纺织服装校企红色资源引入共同体，为学校思政教育，提供模式借鉴、资源补充和实践样本，打造行业特色课程思政育人体系；支持共同体成员单位深入开展学习贯彻习近平新时代中国特色社会主义思想主题教育，推进党的创新理论学习教育常态化，推进以学铸魂、以学增智、以学正风、以学促干；持续开展劳模、技能大师、大国工匠进校园活动，通过讲"传承工匠精神""红色纺织故事""非遗文化传承"等形式拓展思政教育途径，弘扬劳模精神、劳动精神、工匠精神。

第6章 中高职一体化课程体系与数字素养融合机制

6.1 课程体系

为了更好地适应服装产业从外延扩张到内涵式发展的转型升级趋势，应对服装一线工作人员在技术技能的高移化和多样化发展上的新挑战，对接新产业、新业态、新模式下服装制板师、跟单理单员、服装 CAD 设计员、服装设计师等岗位群的新要求，满足数智制造领域高质量发展对高素质劳动者和技术技能人才的需求，提高人才培养质量，中国各个省份产业特色不同，职业院校服装专业聚焦长学制服务生产与服务领域技术技能人才培养，应坚持省域统筹、调研先行、一体设计、科研引领等课程改革原则，在服装专业职业能力标准分析基础上，遵循专业教学标准研制技术路线，并参照国家相关标准编制要求，拟定 3+2 中高职一体化设计标准。

6.1.1 中高职课程衔接的研究路径说明

（1）基于企业调研职业能力的基础上，参考国家标准与地域特色，进行优化职业能力。

（2）考虑不同年龄段知识、技能、素养的递进，甄别课程之间的关系从而构建课程结构。

（3）遵循技术技能人才成长规律，依托主要岗位群和技术技能的领域，通过典型职业活动基础上转化核心课程。

（4）遵循从基础到专业、从简单到复杂、从核心到拓展的原则设置课程。

(5) 专业核心课程教学内容对应岗位职业能力全覆盖。

(6) 通过核心课程与职业能力对接，结合一体化教学的合理性和可行性，考虑学生可持续发展及企业人才需求。

职业能力到课程的转化路径如图 6-1 所示。

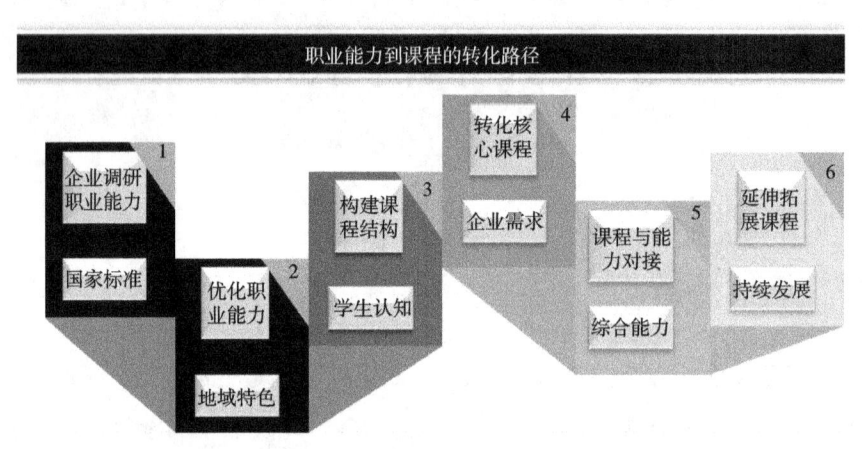

图 6-1　职业能力到课程的转化路径

6.1.2　专业课程与教育部专业简介课程对比

教育部专业简介包含国家中职服装设计与工艺专业课程结构、国家中职服装设计与生产管理专业课程结构、国家高职服装设计与工艺专业课程结构。表 6-1 中，可以对比看到中职服装设计与工艺专业和服装制作与生产管理专业有很多交集，高职服装设计与工艺专业与中职服装设计与工艺专业有着明显的区分。

表 6-1　专业课程与教育部专业简介课程对比

国标中职核心课程服装设计与工艺专业	国标中职核心课程服装制作与生产管理专业	国标高职核心课程服装设计与工艺专业
服装设计	服装结构设计	服装产品设计
数码服装设计	服装 CAD 板型设计与制作	服装 CAD 应用
服装结构制图	服装成衣工艺	服装工业制板
服装 CAD 板型设计与制作	服装立体造型	服装纸样设计与工艺
服装成衣工艺	服装设备使用与维护	服装立体裁剪
服装立体造型	服装工业化生产	服装生产工艺设计

6.1.3 合理优化企业工作领域

调研的企业工作领域根据典型的职业技能进行优化（图6-2），通过教学化处理直接或者合并转换出工作领域。例如，制板是服装核心的技术工作领域，随着技术的发展，不同的企业制板技术岗位各有不同，因此制板拓展为四个工作领域，企业的两个营销工作领域合并为一个工作领域，因为营销是服装的终端，不是技术的核心。

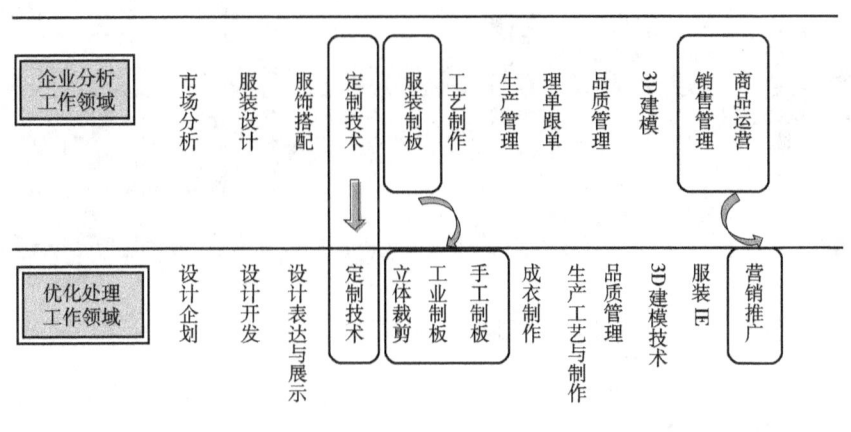

图6-2 合理优化工作领域

6.1.4 确立课程结构

课程的本质就是在宏观上构建适应需要的课程结构，在微观上设计与目标相匹配的课程内容。基于职业教育五育并举培养高技术技能人才的理念，构建"2类+3阶一体化"服装设计与工艺的课程结构，搭建起学生能力提升的阶梯。"2类"是公共课程和专业课程两类别，"3阶"是指"公共基础课、专业核心课、专业拓展课"等组成的课程结构。其中，公共基础课程是为学生的专业学习和终身发展奠定基础。专业核心课程是为完成典型工作任务所需具备的技术技能和对其起到支撑作用的技术基础。专业拓展课程是根据某些典型职业活动中的能力要求以及体现学校、区域特色、产业发展要求设置的课程（图6-3）。

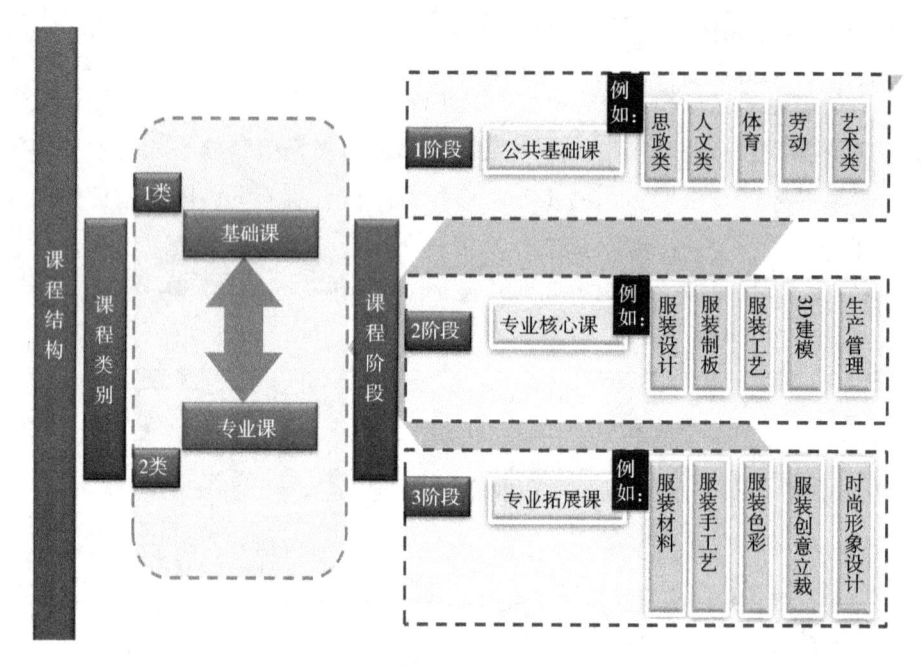

图 6-3　课程结构

6.1.5　转化核心课程

根据典型职业活动合并转换出一类课程（图 6-4），高职阶段为终极设置为核心课程 1，中职阶段为过渡阶段设置为核心课程 2。转化的课程名称可与典型事业活动基本相一致，也可根据教育学特点进行调整，进而，根据认知规律和学习进阶要求合理地转化核心课程，课程内容注重培养人的职业迁移能力和可持续发展能力，逐步构成专业核心课程框架。

6.1.6　课程与能力对接

专业核心课程分为两部分（图 6-5），核心课程 1 是高职终端课程依托中职核心课程 2 的支撑。例如，典型活动立体裁剪采用直接转化形成核心课程。典型活动服装制板是专业技术核心，可将多项典型职业活动合并转换为一门专业核心课程；服装设计典型职业活动在企业中处于变化非常快的职业活动，因此，通过多个典型职业活动，提炼相关内容整合一门课程。通过课程相互

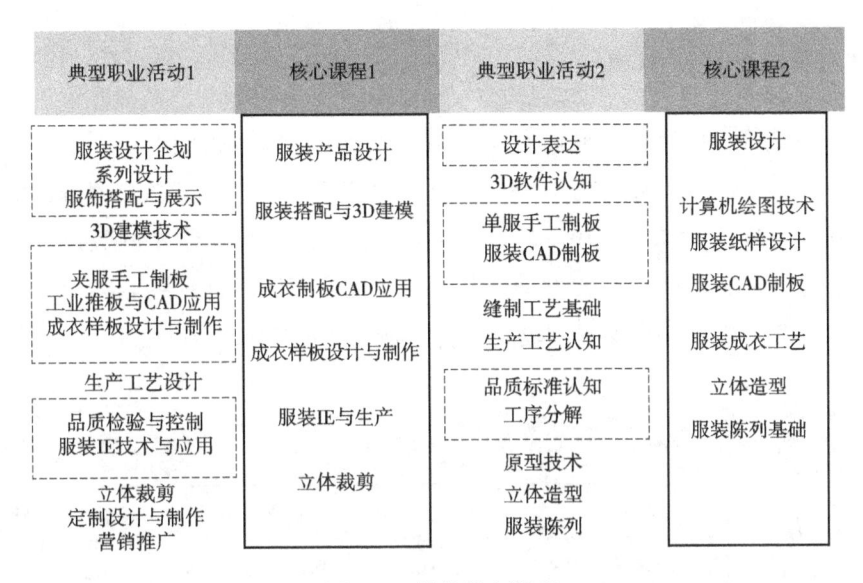

图 6-4　转化核心课程

支撑，可以更好地培养学生专业基础技能和可持续发展能力的课程，是完成典型职业活动所必需的，基础的能力是通过综合分析而形成的。

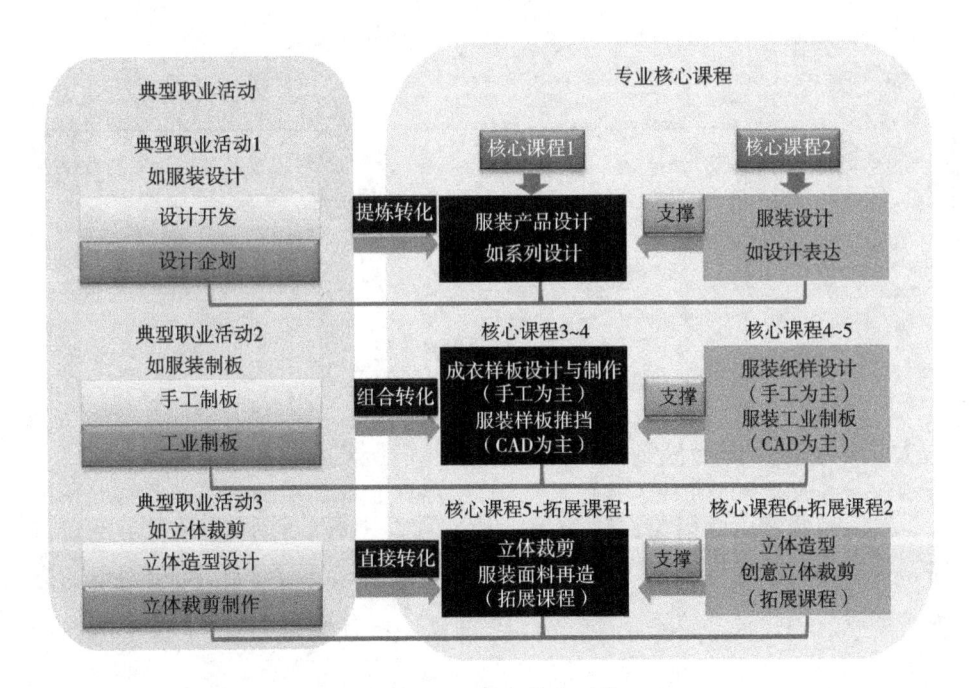

图 6-5　课程与能力对接

6.1.7 延伸拓展课程

专业选修拓展课程是根据不同典型工作任务所需具备的能力要求，结合行业的发展趋势、区域经济的特点，设置相应的技术技能拓展类课程，供不同兴趣爱好的学生选择。开设服装手工艺课程，提升拓展学生服装设计的传统手工艺的能力，开拓服装设计与制作课程提升服装设计的综合能力，开设时尚形象设计综合特色课程，提升服装专业学生的综合能力（图6-6）。

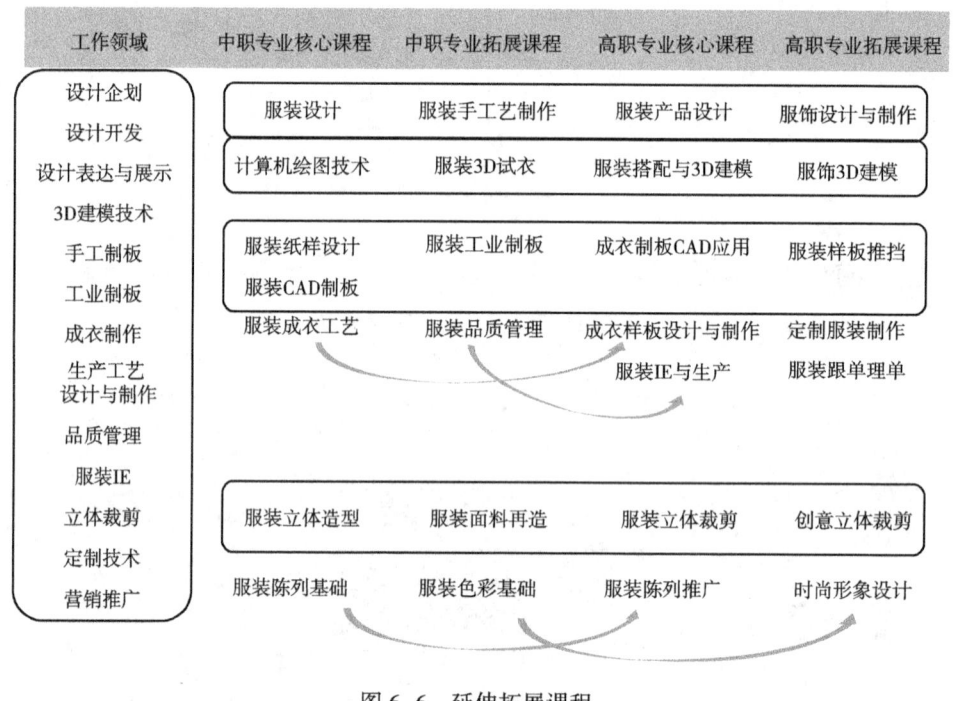

工作领域	中职专业核心课程	中职专业拓展课程	高职专业核心课程	高职专业拓展课程
设计企划	服装设计	服装手工艺制作	服装产品设计	服饰设计与制作
设计开发				
设计表达与展示	计算机绘图技术	服装3D试衣	服装搭配与3D建模	服饰3D建模
3D建模技术				
手工制板	服装纸样设计	服装工业制板	成衣制板CAD应用	服装样板推挡
工业制板	服装CAD制板			
成衣制作	服装成衣工艺	服装品质管理	成衣样板设计与制作	定制服装制作
生产工艺设计与制作			服装IE与生产	服装跟单理单
品质管理				
服装IE				
立体裁剪	服装立体造型	服装面料再造	服装立体裁剪	创意立体裁剪
定制技术				
营销推广	服装陈列基础	服装色彩基础	服装陈列推广	时尚形象设计

图 6-6 延伸拓展课程

6.1.8 专业课程与被调研企业岗位设置情况对比

根据被调研企业岗位需求情况分析，现有中高职课程设置完全覆盖调研企业岗位需求。课程的专业技能更加饱满，避免了课程重复和简单的叠加，形成一体化递进关系，课程连续有序，课程更加符合行业时代发展（表6-2）。

表 6-2　专业课程与被调研企业岗位设置情况对比

专业核心课程	中职	服装款式设计、服装数字化设计技术、服装立体裁剪、服装纸样设计与制作、服装 CAD、服装工艺制作、服装材料认知与应用
	高职	服装产品设计、服装定制技术、服装板型设计与工艺、服装三维虚拟设计、服装 IE、服装工业制板、服装商品运营
专业拓展课程	中职	服装手工艺制作、服装 3D 试衣、服装工业制板、服装品质管理、服装面料再造、服装色彩基础
	高职	服饰设计与制作、服饰 3D 建模、服装样板推挡、定制服装制作、服装跟单理单、创意立体裁剪、时尚形象设计
人才需求调研报告		

人才需求调研报告（企业占比%）：
- 设计企划 88.3
- 设计开发 72.7
- 设计表达与展示 66.3
- 3D 建模技术 83.5
- 手工制板 36.6
- 生产工艺设计与制作 81.5
- 工业制板 75.5
- 成衣制作 55.9
- 品质管理 77.3
- 服装 IE 70.8
- 立体裁剪 41.7
- 定制技术 50.9
- 营销推广 93.5

被调研企业岗位设置情况

6.1.9　课程结构创新点

依托全国服装产业的发展趋势和省内产业特色，在新课标里面根据区域产业发展增设了相关新的工作领域，根据新的工作领域设置相关课程包含服装立体造型、服装陈列基础、服装 3D 建模、服装 IE、服装新零售运营。

课程结构创新点见表 6-3。

表 6-3 课程结构创新点

序号	课程结构创新点	（旧）工作领域	（新）工作领域
1	原设计工作领域以设计师为主，新设计领域提升以设计总监为培养目标	服装设计 服饰搭配	设计企划 设计开发
2	随着制板领域服装产业数字化的发展，企业开始运用3D建模技术进行样板制作，对接工作领域增加了相关课程	电脑制板	3D建模技术
3	工艺领域伴随服装生产加工行业产业升级，未来学生就业去向以管理型为主，课程将细分为服装IE、品控等相关领域	样板制作 工艺设计 样衣制作 服装质检 生产管理	手工制板 工业制板 成衣制作 生产工艺设计与制作 品质管理 服装IE
4	服装产业内销市场发展处于鼎盛时期，服装定制技术也越来越区域成熟。围绕产业需求增加了服装立裁、定制、推广等领域	外贸理单跟单 销售管理	立体裁剪 定制技术 营销推广

6.1.10　课程设置

课程设置主要包括公共基础课程和专业课程。

6.1.10.1　公共基础课程

公共基础课程应按照国家有关规定开齐、开足。中职阶段应将思想政治、语文、历史、数学、外语、物理、信息技术、体育与健康、艺术、劳动教育等列为公共基础必修课程。将党史、改革开放史、社会主义发展史、中华优秀传统文化、应用文写作、国家安全教育、职业发展与就业指导、创新创业教育、外语等列为必修课程或选修课程。高职阶段应将思想政治理论、体育、军事理论与军训、心理健康教育、劳动教育课程列为公共基础必修课程。将党史、改革开放史、社会主义发展史、中华优秀传统文化、应用文写作、国家安全教育、职业发展与就业指导、创新创业教育、外语等列为必修课程或选修课程外，新增大学语文、专业外语、信息技术、艺术、美育课程、职业素养等。学校根据实际情况可开设具有地方特色的校本课程。

6.1.10.2　专业课程

专业课程一般包括专业核心课程（含专业基础课程）、专业拓展课程，并涵盖实训等有关实践性教学环节。学校开设课程包括以下内容。

（1）专业核心课程。中职设置 7 门，包括服装款式设计、服装数字化设计技术、服装立体裁剪、服装纸样设计与制板、服装 CAD、服装工艺制作、服装材料认知与应用等。其服装 CAD、服装工艺制作、服装材料认知与应用是专业基础课程。高职设置 7 门，包括服装产品设计、服装定制技术、服装板型设计与工艺、服装三维虚拟设计、服装工业制板、服装 IE、服装商品推广技术等。

专业核心课程及主要教学内容与要求见表 6-4。

表 6-4　专业核心课程及主要教学内容与要求

序号	专业核心课程	主要教学内容与要求
1	服装款式设计	掌握时装画人体比例与结构关系，能手工绘制人体五官和动态人体图；掌握服装种类和基本形式美法则，会设计四季服装单品；掌握色彩搭配原理和平面构成要素在服装上的运用技法，会根据给定主题风格，手工设计绘制服装图案；熟练应用服装面料绘制的质感表达技法；会编辑款式设计特点和细节说明
2	服装数字化设计技术	掌握服装数码设计基础知识，会操作两种以上服装设计软件；熟练区分服装效果图和平面款式图的应用场景，并能导入面料，进行计算机绘制、配色、渲染和输出；掌握服装辅料和配饰的种类和选用，会应用软件绘制服饰品效果图
3	服装立体裁剪	掌握服装放松量和省道的设置原理，会制作服装立体原型；掌握专用工具的使用方法和操作规范，能在人体模特上做标识，使用基础面料在人体模特上进行别合、裁剪和制作基础样衣；掌握款式图和工艺要求的识读，会制作假缝立体造型的坯样，分析款式细节要求并修正样衣；掌握立体造型的平面化处理原理，会转化制作平面纸样
4	服装纸样设计与制板	掌握人体测量和国家服装号型标准等基础知识，能准确制定服装测量长度和围度的松量范围，会填写常见服装款式的规格尺寸表；掌握省道和分割线的作用和选用，会设计绘制平面样板结构图，综合使用 CAD 软件输出样板；掌握不同部位的缝份配置要求，会绘制缝份制作净样板和放缝样板；掌握服装纸样上各种标识的作用，会在纸样上标注标识
5	服装 CAD	掌握 CAD 软件的功能和原理，熟悉 CAD 软件的操作界面，会使用工具或智能笔绘制服装结构图；会对 CAD 样板进行核对和修正，并生成放缝样板；熟悉系列号型的国家标准，会设置号型规格尺寸和档差数据；掌握排料基础原则，会对不同幅宽面料进行套排；熟悉 CAD 输出仪规范操作流程，会输出样板

续表

序号	专业核心课程	主要教学内容与要求
6	服装工艺制作	掌握电脑一体缝纫机的操作方法和调试规范，进行缝纫部件的简单安装与调试；会识读和填写工艺技术文件，并进行面料铺料裁剪；掌握常见服装款式的缝型类型、缝制要求和工艺流程，会独立缝制服装零部件和成衣；掌握熨烫设备的使用规范，能对制作的部件和成衣进行熨烫整理；掌握服装手工艺的常用技法，运用手工艺缝制部件和成衣；掌握服装缝纫基本设备的维护方法，进行缝纫设备与工具的养护
7	服装材料认知与应用	掌握纺织纤维的基本类别与性能，会使用工具进行面料种类、组织结构、幅宽等的测量和标注；掌握常见服装设计对面料的性能要求，能根据服装品类合理选择面料材质；熟悉常见服装辅料的分类，熟悉不同辅料、填料的性能，会根据服装款式和面料选配辅料；掌握服装后整理常见工艺，会根据材料性能选择合适的后整理工艺；会根据国家标准或者行业标准，进行面料外观质量和内在质量判断，并熟练撰写面辅料质检报告
8	服装产品设计	掌握服装风格分类、流行规律和市场调研方法，会制定服装产品调研计划，收集流行信息，制作设计主题概念板；掌握不同服装品牌类别的设计风格，会根据产品开发的主题风格进行图案设计；掌握服装品类规划、色彩搭配和面料搭配的原理，熟悉拓展系列服装设计的要求，会设计绘制系列产品效果图和平面款式图，填写核心设计点和设计细节说明；熟悉服饰品搭配原理，会根据主题元素设计服饰品
9	服装定制技术	掌握服装审美、色彩、装饰等相关知识，会分析客户形象特点和着装偏好；熟悉服装定制行业标准和定制测量礼仪，会测量并记录客户体型数据；掌握不同场合的定制服装需求，会识读定制服装的款式设计图，运用立体和平面制板结合制作定制服装样板；掌握定制服装缝制标准，会制作假缝样衣和定制成衣，会试样调整基础版并修改工艺说明；能用专业术语讲解定制产品的设计风格和工艺特点
10	服装板型设计与工艺	掌握男女装经典板型设计特点，会收集并识读流行服装的板型设计变化；能运用经典板型资料进行流行款式的假缝试样和修正样板；掌握不同服装类型的国家执行标准和生产标准，能进行流行款式裁剪、缝制、整烫和质检；掌握流行工艺技法和面辅料后整理工艺，会编写服装工艺技术单、面辅料清单、工序卡等技术文件
11	服装三维虚拟设计	掌握三维虚拟设计的国家技术规范标准，熟悉三维虚拟设计软件与平台操作方法；熟练调取面料库、板型库等线上资源进行虚拟缝制、修正样板、渲染并输出虚拟服装；掌握面料数字化采集方法，会对数字面料进行色彩搭配、性能参数等调整；熟悉多种全场景展示效果表现技法，制作较复杂款式数字化服饰和场景展示效果；会虚拟立裁，生成平面样板

续表

序号	专业核心课程	主要教学内容与要求
12	服装工业制板	掌握国家服装标准号型和号型档差相关知识，能对不同款式的基础样板进行系列推挡；掌握服装铺料排料原理，能使用 CAD 软件制作系列样板，进行系列排料和输出；熟悉面料和里料搭配原理和整烫技法，分别制作面里料的工业基础样板、工艺样板和整烫样板；会分析样衣或效果图款式，进行样板改板、样板编号，维护 CAD 样板库
13	服装 IE	掌握常见服装的生产工艺流程和工序拆分的规则，会对产品进行工序拆解，填写工序分析表；掌握秒表的使用方法和标准，会用秒表进行工时测量和记录，会填写标准工时表；掌握服装制作相关动作代码，会记录动作分析，调整工序顺序和流水线排布，编写标准动作流程；掌握服装 IE 常用软件的操作，会使用软件分析产品工艺的复杂程度、估算产能
14	服装商品推广技术	掌握服装产品销售周期，熟悉品牌服装的销售活动策划流程；掌握服装和服饰品搭配原理，能进行服装搭配或组合；掌握服装陈列基础原理和操作方法，会使用虚拟系统仿真模拟陈列，进行服装商品搭配和商铺陈列；熟悉各大平台的推广页面、产品详情页和促销窗口展示要求，能使用软件设计并绘制服装产品平面推广图

（2）专业拓展课程。中职包括素材与创意、服装陈列基础、服装直播实务、3D 建模（初级）、缝纫工（中级）、制板师（中级）。高职包括时装产品开发、面料创意设计、服装陈列管理、服装市场营销、在线直播运营。

（3）实践性教学环节。主要包括实训、实习、实验、毕业设计、社会实践等。在校内外进行服装立体裁剪、服装纸样设计与制作、服装定制技术、服装板型设计与工艺、服装三维虚拟设计等综合实训。在服装板型设计与工艺、服装 IE、服装商品运营、服装工业制板实践中进行跟岗实习和岗位实习。实训实习既是实践性教学，也是专业课教学的重要内容，应注重理论与实践一体化教学，应严格执行《职业学校学生实习管理规定》要求。

学校应结合实际，落实课程思政，推进全员、全过程、全方位育人，实现思想政治教育与技术技能培养的有机统一。应开设社会责任、绿色环保、新一代信息技术、数字经济、现代管理等方面的拓展课程或专题讲座（活动），并将有关内容融入专业课程教学中；将创新创业教育融入专业课程教学和有关实践性教学环节中；自主开设其他特色课程；组织开展德育活动、志愿服务活动和其他实践活动。

6.2 数字素养融合机制的建立

6.2.1 数字化特征的教学条件

教学设施主要包括能够满足正常的课程教学、实习实训所需的专业教室、实验室、实训室和实训实习基地。

6.2.1.1 专业教室的基本要求

具备利用信息化手段开展混合式教学的条件。一般配备黑（白）板、多媒体计算机、投影设备、音响设备，互联网接入或无线网络环境，并具有网络安全防护措施。安装应急照明装置并保持良好状态，符合紧急疏散要求、标志明显、保持逃生通道畅通无阻。

6.2.1.2 校内外实训、实验场所的基本要求

实验、实训场所符合面积、安全、环境等方面的条件要求，实验、实训设施（含虚拟仿真实训场景等）先进，能够满足实验实训教学需求，实验、实训指导教师确定，能够满足开展生产工艺技术、服装 3D 虚拟仿真技术、智能流水操作实训活动的要求，实验、实训管理及实施规章制度齐全。鼓励开发虚拟仿真实训项目，建设虚拟仿真实训基地。

6.2.1.3 服装制板实训室的基本要求

配备制板桌椅、人台、投影仪、CAD 打印机等设备，满足一人一工位要求。设备（设施）用于能够完成服装制板与产品研发实训，承担"服装纸样设计与制作""服装纸样设计与制作""服装 CAD""工业制板"等的实验教学。

6.2.1.4 服装工艺实训室的基本要求

配备制板与工艺一体化设备、计算机、投影仪设备（设施），用于能够完成服装工艺与产品研发实训，承担"服装工艺制作""时装样板设计与制作""服装定制技术"等的实训教学。

6.2.1.5 服装立裁实训室（实训基地）的基本要求

配备电脑平缝机、包缝机、锁眼钉扣机、吸风烫台、人台等设备，满足

一人一工位要求。设备（设施）用于能够完成服装工艺与产品研发实训，承担"服装材料认识与应用""服装立体裁剪""服装产品设计"等课程实践环节的教学。

6.2.1.6　服装设计实训室（实训基地）的基本要求

配备计算机、课桌、网络软件、绘图软件、投影仪、打印设备。设备（设施）用于能够完成服装设计的实训，承担"服装产品设计""服装款式设计"课程实践环节的教学。

6.2.1.7　服装数字化实训室（实训基地）的基本要求

配备计算机、绘图软件、3D 虚拟软件、工作台、人台、CAD 软件、投影仪设备（设施）。设备（设施）用于能够完成服装数字虚拟试衣与产品系列制作的实训，承担"服装数字化设计技术""服装三维虚拟设计""服装产品设计"等课程的实训教学。

6.2.2　数字化特征的教学资源

主要包括能够满足学生专业学习、教师专业教学研究和教学实施需要的教材、图书及数字化资源等。尤其是建设、配备与本专业有关的音视频素材、教学课件、数字化教学案例库、服装 3D 数字款式库、服装数字面料库、智能流水生产仿真软件、数字教材等专业教学资源库，种类丰富、形式多样、使用便捷、动态更新、满足教学。

6.2.3　数字素养融合的中高职一体化质量保障

（1）学校应建立中高职一体化专业人才培养质量保障机制，建立健全中高职一体化人才培养全过程教学质量监控管理和学生学业评价制度，改进结果评价，强化过程评价，探索增值评价，健全综合评价。完善人才培养方案、课程标准、课堂评价、实验教学、实习实训、毕业设计以及资源建设等质量标准建设，通过教学实施、过程监控、质量评价和持续改进，达到人才培养规格要求。

（2）学校应完善教学管理机制，实施中高职教学及管理人员互兼互聘、教育教学定期检查等机制，加强日常教学组织运行与管理，定期开展课程建设、日常教学、人才培养质量的诊断与改进，建立健全巡课、听课、评教、评学等制度，建立与企业联动的实践教学环节督导制度，严明教学纪律，强化教学组织功能，定期开展公开课、示范课等教研活动。

（3）学校应建立高职院校、中职学校和合作企业共同参与的中高职一体化教研科研工作机制。建立中高职一体化教学创新团队，建立集中备课制度，定期召开教学研讨会议，形成定期交流、专题研讨的常态化教研活动模式，利用评价分析结果有效改进专业教学，持续提高人才培养质量。

第7章 中高职一体化师资队伍建设

7.1 师资结构建设

7.1.1 师资结构对中高职教育质量的影响

党的十八大以来,我国职业教育教师队伍的规模不断扩大,结构持续优化,但职业教育教师标准体系不够健全、教师培养培训供需失衡、教师管理机制改革不深入等问题长期存在,影响和制约了现代职业教育高质量发展。

7.1.1.1 政策环境

近年来,我国政府对职业教育给予了高度重视,出台了一系列政策措施来推动其发展。然而,这些政策在实施过程中可能存在一些偏差,导致师资结构问题未能得到有效解决。例如,政府强调引进高学历、高职称的教师,但在实际操作中,由于各种原因(如待遇、职称评定等),这一目标未能完全实现。

7.1.1.2 经济环境

随着中国经济结构的调整和转型升级,对技术技能人才的需求越来越大。然而,现有的中高职师资结构无法满足这一需求。一方面,许多教师的教学方法过于传统,无法适应新技术的要求;另一方面,一些新兴专业的教师严重不足,导致这些专业的教学质量难以保证。

7.1.1.3 社会观念

受传统观念影响,一些人认为职业教育是次一级的教育,这导致了对职业教育师资的重视程度不够。同时，社会对职业教育师资的认可度也不高，这在一定程度上影响了师资队伍的稳定性和吸引力。

7.1.2 中高职师资结构现状分析

师资结构对中高职教育质量的影响是至关重要的。师资结构因素主要包含了师资的年龄结构、师资的学历和职称结构、师资的性别结构、来源结构等。

首先，师资的年龄结构是影响中高职教育质量的重要因素。如果师资队伍过于年轻，可能会导致教学经验不足，影响教学质量。而如果师资队伍过于老化，则可能会影响教师接受新知识和新技术的能力，从而影响教学质量。因此，合理的年龄结构对于提高中高职教育质量至关重要。

其次，师资的学历和职称结构也对中高职教育质量产生影响。高学历、高职称的教师往往具有更丰富的教学经验和更深入的专业知识，能够更好地引导学生开展学习和研究。因此，中高职院校需要合理引进高学历、高职称的教师，提升整体师资水平，进而提高教学质量。

师资的性别结构、来源结构等也会对中高职教育质量产生影响。如果师资队伍中男女教师比例失调，可能会对学生的性别认同和性别角色定位产生不良影响。如果师资队伍中教师来源单一，可能会影响学术交流和思想碰撞，不利于教学质量的提高。因此，中高职院校需要注重师资队伍的性别结构和来源结构，促进教师之间的交流和合作，推动教学质量的提升。

因此，师资结构对中高职教育质量的影响是多方面的，中高职院校需要合理配置师资资源，优化师资结构，提高整体师资水平，进而提高教学质量。同时，中高职院校也需要注重师资队伍的可持续发展，加强教师培训和学术交流，推动教师专业成长，为提高教学质量提供有力保障。

7.1.3 中高职师资结构问题现状分析

在中国的教育体系中，中等和高等职业教育（中高职）是培养技术技能人才的重要环节。然而，近年来，中高职师资结构的问题逐渐浮现，成为制约教育质量提升的一大瓶颈。为了深入了解这一现象，需要对中高职师资结构的问题现状进行细致分析。

7.1.3.1 学历结构的问题

在我国中高职教师队伍中，具有高学历的教师比例相对较低。许多教师虽然拥有丰富的实践经验，但学历层次普遍不高。这与当前社会对教育的高要求以及技术发展的快速更新形成了鲜明的对比。与此同时，随着高职教育的快速发展，对高学历、高职称教师的需求越来越大，而现有的师资队伍显然无法满足这一需求。

7.1.3.2 年龄结构的问题

中国中高职师资队伍的年龄结构也存在一定的问题。一方面，年轻教师的比例相对较低，这使得教学理念和教学方法的创新受限。另一方面，一些高职院校过于依赖外聘教师，这些教师虽然带来了新鲜的教学理念和方法，但流动性大，不利于学校教育的稳定性。同时，年长的教师虽然经验丰富，但接受新技术和新观念的能力相对较弱，这也在一定程度上影响了教育教学的效果。

7.1.3.3 缺乏学科带头人和"双师型"教师

中高职院校中，学科带头人和骨干教师的缺乏是普遍存在的问题。学科带头人和骨干教师是学校教学和科研的中坚力量，他们的缺乏将直接影响学校整体竞争力的提升。此外，"双师型"教师的数量也相对较少。"双师型"教师是指既具备扎实的理论基础，又有丰富实践经验的教师，是职业教育领域中对教师的高标准要求。然而，由于传统观念的影响以及培训体系的不足，这类教师在中高职师资队伍中的比例较低。

我国中高职师资结构的问题是多方面因素共同作用的结果。为了解决这些问题，需要政府、学校和社会共同努力。政府应进一步加大对职业教育的投入，优化政策环境；学校应加强师资队伍建设，提高教师的整体素质；社会应改变对职业教育的偏见，提高对职业教育师资的认可度。只有这样，才能真正推动我国中高职教育的健康发展。

7.2 师资队伍数字素养建设

随着数字技术的飞速发展，我国对教师的数字素养提出了更高的要求。

教育部已全面实施国家教育数字化战略行动，旨在推动教育的数字化转型。2023年，教育部特别发布了《教师数字素养》行业标准，明确提出教师需具备的数字技术知识与技能、应用能力以及承担的数字社会责任等要求。国内学者如王佑镁、施歌和闫广芬等也从不同角度对教师数字素养进行了解读和研究。高职教师的数字素养被逐渐重视，包括数字教学思维和技能的培育。

在国外，尤其是以色列学者埃谢特-阿尔卡莱提出了数字素养的概念，强调它是现代公民生活、学习和工作的必备技能。这种观念的提出为全球范围内的教育数字化建设提供了理论支持。与此同时，许多国家都在积极探索和实施教育数字化战略，以适应快速变化的数字环境。例如，教育部门对教师进行了具有针对性的数字素养培训和标准制定，以适应这一趋势。

7.2.1 师资队伍数字素养的现状与问题

7.2.1.1 数字素养的整体水平有待提高

尽管近年来我国在教育信息化方面取得了一定的进展，但师资队伍的数字素养仍然存在较大的提升空间。许多教师对数字化技术的理解停留在较浅的层面，缺乏深入的应用和创新思维。

7.2.1.2 地区间的发展不平衡

在经济发展较快的地区，如沿海城市和一线城市，由于拥有更多的资源和资金投入，这些地区的师资队伍数字化素养普遍较高。他们能够接触到更先进的数字化教学设备和工具，有更多的机会进行数字化教学培训和实践。而在一些经济发展较为落后的地区，如西部地区和农村地区，由于资金和资源的限制，师资队伍的数字化素养普遍较低，这在一定程度上拉大了地域间的教育水平差距。

7.2.1.3 技术与实际教学融合困难

我国的教育领域近年来对于数字化技术的引入持有积极的态度，然而，将数字化素养与实际教学相融合的过程中，确实遇到了一些困难。这些困难一部分源于技术本身，一部分源于教育环境的特性，还有一部分是由于教师和学生的适应能力不足。

在技术方面，数字化工具和平台的功能复杂性和多样性，对于许多教师来说是一个挑战。尽管大部分教师经过培训后能够基本掌握这些工具，但在深度应用和创新使用上仍存在明显短板。部分教师反映，技术的更新速度很快，而他们对于新技术的接受和理解往往滞后，这使他们在教学中难以充分利用这些技术。

在实际教学方面，数字化技术与传统教学方法的结合并不总是流畅的。在很多情况下，数字化更多地被看作是一种展示手段，而不是深入教学的工具。例如，一些教师仅仅将数字化的内容作为 PPT 展示，而没有充分利用数字技术的互动性和个性化特点。另外，数字资源的获取和使用也是一个问题。虽然网络上有很多教育资源，但筛选出真正有价值、适合自己学生的资源并不容易，这需要教师具备较高的信息素养。再者，学生的学习习惯和态度也对数字化教学的实施产生影响。部分学生对于数字化教学的新鲜感过后，往往又回归到传统的学习方式中，这使数字化教学的效果大打折扣。

7.2.1.4　教师的数字化培训体系尚不完善

随着科技的快速发展，数字化技术在教学领域中的应用越来越广泛。然而，当前中高职教师的数字化培训体系存在诸多问题，难以满足教师的实际需求。尽管各级教育部门和学校都开展了数字化培训项目，但在内容、方式、效果等方面都存在明显不足。

首先，培训内容与实际需求脱节。当前的培训内容往往不能准确反映教师的实际需求，导致培训与教师的日常工作相去甚远。许多教师表示，他们所学的数字化技能在课堂实践中难以得到有效应用，而且培训方式过于单一。传统的培训方式，如面授或线上讲座已经无法满足现代教师的需求。这些培训方式缺乏实践性和互动性，导致教师难以真正掌握数字化教学的技能。

另外，缺乏系统性和连贯性的培训计划也是当前培训体系的问题之一。许多培训项目都是短期、零散的，没有形成一个完整、长期的培训体系。这导致教师在接受培训时难以形成系统的知识结构，进而影响其数字化教学能力的提升。现有的培训体系缺乏有效的评价和激励机制。教师数字化素养的提升需要一个持续的过程，而当前的培训体系中缺乏对教师数字化素养的长期跟踪评价机制，以及相应的激励机制。这在一定程度上影响了教师提升自身数字化素养的积极性和动力。

当前中高职教师的数字化培训体系存在明显的不足之处，需要进一步完善和改进。只有解决这些问题，才能真正提高教师的数字化素养，推动教育教学的现代化进程。

7.2.2 中高职师资队伍数字化素养建设策略

提升中高职师资队伍数字化素养，需要从多个层面和方面进行努力。这里主要从政策支持、培训指导、实践创新、评价激励等四个方面进行简要介绍。

7.2.2.1 政策支持

政策是推动教师数字化素养提升的重要保障。国家和地方应该制定和完善相关的法律法规、规划纲要、标准指南等，明确教师数字化素养的内涵、目标、要求和评价体系，为教师数字化素养提升提供明确的方向和依据。同时，还应该加大经费投入，建设完善的信息化基础设施和资源平台，为教师数字化素养提升提供良好的条件和环境。

7.2.2.2 培训指导

培训是提升教师数字化素养的重要途径。各级各类教育行政部门和培训机构应该根据教师数字化素养的标准和评价结果，制订和实施针对性强、实效性高的培训计划和方案，采用线上线下相结合、集中分散相结合、理论实践相结合等方式，开展多层次、多形式、多内容的培训活动，帮助教师掌握信息技术的基本知识和技能，了解信息技术在教育中的应用场景和方法，提高信息技术在教育中的创新能力。

7.2.2.3 实践创新

实践是检验教师数字化素养的重要标准。各级各类学校应该鼓励和支持教师在日常教育教学活动中积极尝试和应用信息技术，探索信息技术与教育教学融合创新的模式和方法，解决实际问题，改善教育质量。同时，还应该加强校际、区域间、国际的交流合作，分享交流信息技术在教育中的成功经验和案例，促进教师数字化素养的共同提升。

7.2.2.4 评价激励

评价是促进教师数字化素养提升的重要动力。各级各类评价机构应该建立健全科学合理、客观公正、动态更新的教师数字化素养评价体系，采用多元化、综合化、过程化的评价方法，定期对教师数字化素养进行全面深入的评价，并及时反馈评价结果。同时，还应该将教师数字化素养评价结果纳入教师职称评审、职业发展、薪酬待遇等方面，给予优秀者表彰奖励，给予不足者指导改进，形成良好的激励机制。

（引用网络资料：《教育数字化转型背景下如何提升教师数字素养》，百家号网）

7.3 师资建设机制

7.3.1 构建多元聘用机制

（1）多元聘用机制有利于提高师资队伍的整体素质。通过引进不同背景和专长的教师，可以丰富教学内容，促进学科交叉融合，提高教学质量和科研水平。同时，多元聘用机制可以增强学校的竞争力，吸引更多的优秀人才，形成人才集聚效应。

（2）多元聘用机制有利于优化师资结构。中高职院校可以根据学校发展需要和学科特点，灵活地招聘不同层次、不同类型的教师，以满足学校多方面的发展需求。同时，多元聘用机制可以促进教师队伍的年轻化、专业化和国际化，使教师队伍更加充满活力和创造力。

（3）多元聘用机制有利于推动产学研合作。通过聘用来自行业、企业的专家和工程师等作为兼职教师或客座教授，可以加强学校与企业的联系和合作，促进产学研结合。这不仅可以提高教师的实践能力和学术水平，还可以为学校和企业带来更多的合作机会和资源。

（4）多元聘用机制有利于提高师资队伍的适应性和灵活性。随着社会和经济的发展，行业和市场需求也在不断变化。多元聘用机制可以使中高职院校更加灵活地应对市场变化，及时调整师资队伍的结构和规模，以满足市场需求和社会发展的需要。同时，还有利于降低办学成本和提高办学效益。通过合理配置教师资源，可以减少人力浪费和成本支出，提高办学效益。同时，多元聘用机制可以促进教师之间的竞争和合作，激发教师的工作热情和创新精神，为学校的发展注入新的动力和活力。

7.3.2 构建评价考核机制

评价考核机制可以帮助学校全面了解教师的数字化素养水平，为后续的培训和提升计划提供依据。通过定期的评价考核，学校可以发现教师在数字化素养方面的不足，从而有针对性地开展培训和指导，提高教师的数字化教学能力。评价考核机制可以激励教师不断提升自身的数字化素养。评价考核结果可以作为教师绩效考核和晋升的重要参考，促使教师更加重视数字化素养的提升，不断更新教学理念和方法，提高教学质量。

通过评价考核的反馈和交流，教师可以互相学习、共同进步，形成良性竞争的氛围，推动数字化教学的不断发展。在国内教育背景下，加强评价考核机制的建设是推动中高职教育现代化的必要举措。

7.3.3 构建激励保障机制

构建激励保障机制的方式主要有以下几个方面：

（1）薪酬激励：通过建立合理的薪酬制度，使教师的薪酬水平与工作表现、职称职务等因素挂钩，激发教师的工作积极性和创造力。

（2）考核评价：建立科学的考核评价体系，对教师的教学成果、科研成果、师德师风等方面进行全面、客观、公正的评价，为激励保障机制提供依据。

（3）师德师风建设：加强师德师风教育，引导教师树立正确的教育观念和职业操守，营造良好的师德师风氛围。

（4）荣誉激励：通过评选优秀教师、教学名师等方式，对表现突出的教师给予荣誉和奖励，激励教师继续努力工作。

（5）福利待遇：提供良好的福利待遇，如住房补贴、医疗保险、带薪休假等，提高教师的福利待遇水平，增强教师的获得感和幸福感。

（6）人才引进：通过引进高层次人才，提高师资队伍的整体水平，同时为校内教师提供学习和交流的机会。

（7）创新科研支持：鼓励教师开展教育教学改革和科学研究，提供相应的经费、场地等支持，激发教师的创新热情和学术活力。

7.3.4 构建培训提升机制

中高职师资队伍的培训提升机制应该是一个系统性的工程，需要从多个方面进行构建和完善。首先，制订培训提升规划是至关重要的。在开展统筹管理顶层设计工作时，要让教师培训提升规划关联学校实际发展状况，使其二者相吻合。这有助于推动各类培训规划实现互相补充，使其发挥出最大的效果。传统的高校教师培训提升制度比较古板，未给予顶层设计与统筹规划高度重视，比较注重应激性培训。这种培训制度下的高校教师的培训效果往往不尽如人意，而且资源耗费也较严重。因此，在制定培训提升规划时，需要充分考虑学校的实际情况和发展需求，确保培训内容和方式与教师的实际需求相匹配。鼓励教师参与国际教学和科研活动也是中高职师资队伍培训提升机制的重要方面。通过加强与国际的交流与合作，可以提升教师的国际视野和能力，同时也有助于推动学校的国际化发展进程。学校可以建立高校教师留学或访问机制，为教师提供更多的国际交流机会，促进教师教学方法的改进和教学质量的提升。

构建不同种类的培训结构和模式也是必要的。基于课程国际化的背景，对高等院校教师的培训需求越来越高，逐渐朝着多样化与个性化方向发展。因此，以往的培训结构与模式已经不能满足新时代发展的多元化与个性化需求。学校需要根据教师的不同需求和特点，制定个性化的培训计划和方案，提供有针对性的培训内容和方式。最后，加大教师培训流程的完善力度，健全培训标准，引进社会力量参与教师培训也是至关重要的。这可以确保有提升需求的高校教师能够顺利得到实际培训，促使高校教师培训提升规划全面贯彻到教师职业生涯中。通过建立有效的培训考核制度，可以确保培训的质量和效果，为高校教师实现个人价值提供有效依据与制度保障。

第8章 职业院校服装专业数字化人才培养中高职一体化应用案例

8.1 "数智孪生，产教融合"为特色的中高职一体化服装专业人才培养模式探索与实践

宁波是"红帮裁缝"的诞生地和中国规模极大的服装生产基地和品牌基地，具有集约化、精益化、平台化、特色化优势，已具备了产生世界级先进纺织企业的条件。

浙江纺织服装职业技术学院作为全国举办时尚服装类专业规模最大、类别最完整的院校之一，以争创国家级"双高校"和行业最强校为契机，针对服装设计与工艺专业教学与数字设计、智能生产衔接不畅所导致的学生数字化创新能力弱、岗位适应慢、迁移能力不足、发展后劲缺乏问题，借鉴现实主义能力本位观碗形职业发展模型的逻辑和思路，率先提出高职服装设计与工艺专业的"数字融通，产教融合"人才培养新模式。

该模式坚持成果导向，校企共建数字化全链路线上线下实训平台，将数字技术与专业教学在基层组合、中层结合、顶层融合，实现学生数字设计—虚拟作品—智能生产—真实产品的有机衔接，形成了"数字渐进融合，能力碗形递增"培养体系，创新了"标准引领，数字孪生"实训教学模式，促进专业教学链数字化、智能化的提升，锻造了"专兼结合，数字赋能"双师型教师团队，切实提高了专业复合型、创新型、数字化服装人才的培养质量。

通过3年的实践，专业成为省特色专业、省双高A类专业群核心专业，获批教育部双师型教师培训基地、技能大师工作室、现代纺织与时尚服装职

业教育虚拟仿真实训基地。现有国家级资源共享课程 1 门并获全国优秀教材建设二等奖，发布 5 项国家级职业等级标准和领军企业级岗位标准。教师获全国信息化大赛二等奖、省教学能力大赛奖项 3 项。牵头全省服装设计与工艺专业中高职一体化教改重大课题，校企共建的"宁波纺织服装创新云平台"入选工信部制造业"双创"平台试点示范项目。学生荣获全国职业技能大赛一、二、三等奖共计 13 项，省级以上科创类竞赛获奖 14 项，其中学子史柳军获中华人民共和国首届技能大赛时装技术赛项第 6 名，被授予"新时代浙江工匠"。用人单位满意度 90%，获中国纺织工程学会"突出贡献奖"。

8.1.1 主要解决的教学问题

（1）解决人才培养体系与产业数字设计智能生产快速迭代发展不同步的问题。服装产业链、岗位链、技术链等发生数字化、智能化重构，传统专业人才培养体系需应时而改。

（2）解决数字设计智能生产实训基地与课程教学内容对接不顺畅的问题。数字设计实训与传统设计课程评价标准不统一，智能生产操纵风险大、与理论教学衔接难。

（3）解决数字设计智能生产教学中师资团队新知识、新技能不足的问题。教师操作技能经验丰富，但缺乏数字技术的教学研究和跨领域协作实战经验。

8.1.2 解决问题的思路和方法

8.1.2.1 针对问题 1：构建"能力碗形递增，数字渐进融合"人才培养体系

（1）搭建核心技能"三阶"递进结构。基于成果导向反向设计，逐层分解，顶层设置三类典型服装综合设计与生产项目；中层面向服装数字化全链路，重视数字设计与智能生产的操作标准连贯且统一，开设虚拟现实交互贯通的跨界课程；基层立足标准认知、职业素养，其中专业平台课增设基础数字化技能课程，深化课程思政改革，加强软件、云平台、大数据等信息技术素质培养。由此形成了数字技术与人才培养在基层组合、中层结合、顶层融合的"渐进融合，碗形递增"人才培养体系，如图 8-1 所示。

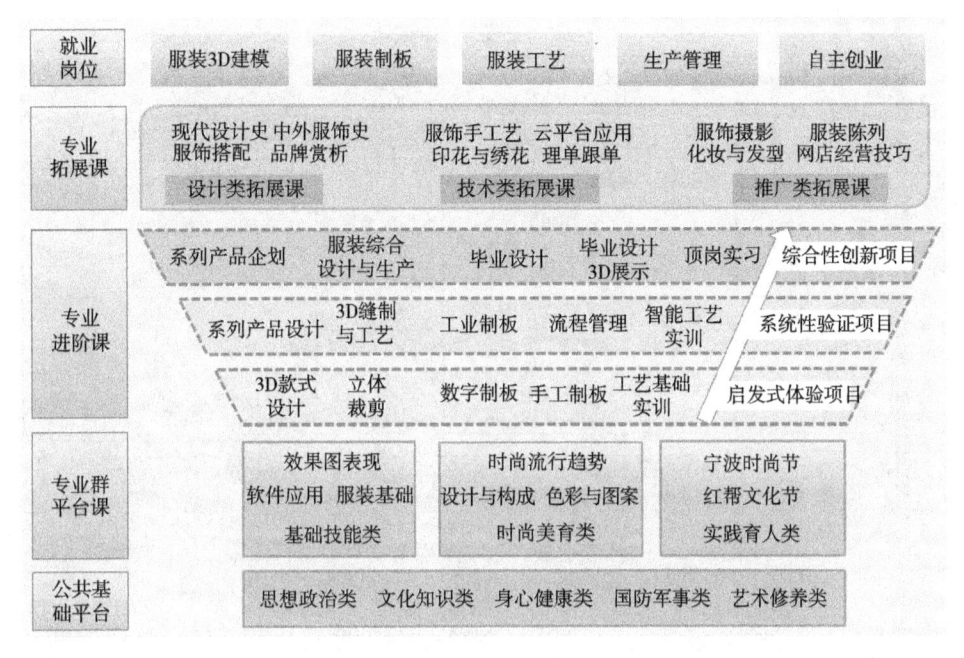

| 就业岗位 | 服装3D建模 | 服装制板 | 服装工艺 | 生产管理 | 自主创业 |

专业拓展课：
- 设计类拓展课：现代设计史 中外服饰史 服饰搭配 品牌赏析
- 技术类拓展课：服饰手工艺 云平台应用 印花与绣花 理单跟单
- 推广类拓展课：服饰摄影 服装陈列 化妆与发型 网店经营技巧

专业进阶课：
- 系列产品企划 服装综合设计与生产 毕业设计 毕业设计3D展示 顶岗实习 综合性创新项目
- 系列产品设计 3D缝制与工艺 工业制板 流程管理 智能工艺实训 系统性验证项目
- 3D款式设计 立体裁剪 数字制板 手工制板 工艺基础实训 启发式体验项目

专业群平台课：
- 基础技能类：效果图表现 软件应用 服装基础
- 时尚美育类：时尚流行趋势 设计与构成 色彩与图案
- 实践育人类：宁波时尚节 红帮文化节

公共基础平台：思想政治类 文化知识类 身心健康类 国防军事类 艺术修养类

图 8-1 "渐进融合，碗形递增"人才培养体系图

（2）创新"标准引领，数字孪生"的实训教学模式。制定5项数字设计、智能制造、陈列领域的实训标准、岗位标准和相关1+X证书制度职业标准。在夯实了基础知识和基础训练后，学生先真实岗位实践，再借助数字孪生技术，进行虚拟设计和智能生产课程学习，通过4~5频次的轮转实训，虚拟现实交互贯通，数字技术始终伴生成长，学生适岗创新、解决问题的能力显著提升。"标准引领，数字孪生"的实训教学模式如图8-2所示。

8.1.2.2　针对问题2：搭建虚实结合、双线协同"数字化全链路"实践平台

（1）建设线上服装"数字化全链路"资源库，打通企业资源与校内学习链接通道。与Style3D技术深度合作，成立服装数字化技术应用中心（平台），集聚高端设计资源，创新数字孪生的教学场景，建设面料仿真实验室、服装虚拟仿真实训室等，为数字化快速设计课程提供支撑。

（2）建设线下服装"数字化全链路"系统，打造智能设备、软件实训模块串联通道。通过中国移动5G网络技术和企业自主研发的ERP/MES/WMS

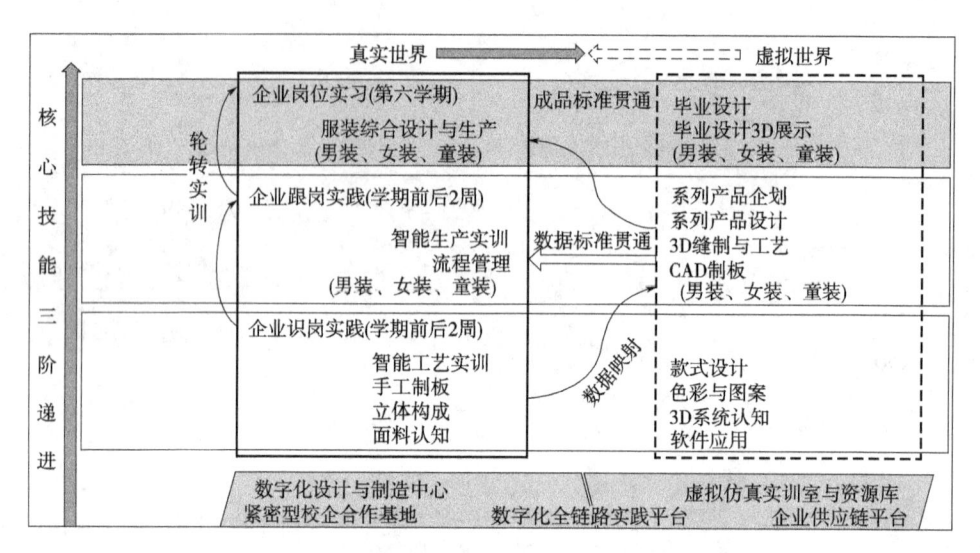

图 8-2 "标准引领，数字孪生"实训教学模式图

软件系统，打通 3D 设计系统、智能化设备、生产制造执行系统、管理信息系统和供应链生态系统；应用实时三维图形生成、立体显示和传感器技术，对服装生产全流程、全系统进行数字化模拟；分区串联数码印花、自动裁床、计算机绣花、无人后道、模板缝制、吊挂流水等智能设备实训模块，实现服装数字化管控一体化，为智能制造系列实践教学提供保障。

8.1.2.3 针对问题3："数字赋能"锻造专兼结合双师型教师团队建设

引入凌迪、慈星等科技领军企业的研发设计人员，组建校企数字化、智能化双师型师资团队。以名家牵头组建专兼结合的培训专家团队，开展专业实训标准和职业技能等级标准等研讨与培训。成立产研办公室，定期实施体验、参与和实战的研训项目并计入评价考核。以共同成长、共同进步为目标，校企在课内课外、线上线下彼此信任、相互交流，合力培育能通过数字赋能改进企业产品工艺、解决生产技术难题的骨干教师团队。

该方法的创新点如下：

（1）培养体系模式创新："标准引领，数字孪生"实训教学模式。对接数字设计、智能制造产业链前端技术领域，制定并实施国家级专业教学标准、实训条件标准、1+X 证书标准和雅戈尔企业岗位标准、服装制板师职业等级鉴定标准 5 项，利用数字孪生技术，统一数字设计与智能生产的操作标准、统筹岗位标准、连贯课程标准，设计若干个典型实训项目（涵盖培养目标所要求的技术技能）轮转开展真实岗位实训，实现学生与员工、理论与实践、虚拟与现实的交叉融合。

（2）产教融合形态创新：服装"数字化全链路"线上线下实践平台。集聚高端设计资源，创新数字孪生教学场景，支撑数字设计实践教学；建成智能制造中试工厂，通过自主研发的 ERP、MES、WMS 软件系统+缝前、缝中、缝后智能吊挂物流系统+智能化生产线装备，分区串联智能设备实训模块，支撑智能制造系列实践教学。形成"平台—中小企业—教师—学生"多重力量相互交融、项目落地、螺旋前进的数字化全链路网络和体系。

（3）专兼教师研训机制创新：对接标准的形成性评价和成果激励的总结性评价。成立产研办公室，对接名师、名企，组建专兼结合的数字化教师团队，引入数字化研究或技术培训项目。专兼教师团队以研促训、以训促改，并对接职业等级标准和企业岗位标准进行形成性评价，项目结束后总结性评价量化考核学生质量、企业应用情况，并配套绩效奖金。专兼教师激励政策从课时费进一步扩大到数字成果的转化绩效和学生质量绩效。团队积极性得到有效调动，跨领域教学实战能力得以提升，创新活力得以加速释放，营造企业、教师、学生研究创新共生共荣生态。

8.2 "标准引领，匠艺相生"为特色的中高职一体化服装技术教育课堂革命

浙江纺织服装职业技术学院与宁波博洋集团控股有限公司校企合作有 20 年的历史，2019 年共建"博洋学院"，就典型生产实践项目双元育人办学，双方就校企双招、培养培训、学习学徒、评聘结合，生产与培养过程一体运行机制签订校企合作框架协议。

博洋学院校企共建三个平台：技术研发与转化应用平台、人才培养培训平台和时尚产业及文化创新平台，推动公司创业者、研发人员、设计师、校企导师、专业教师等联动，共同为企业年轻人才和青年学生提供资源。

8.2.1 双方明确职责与分工

8.2.1.1 学校

负责规划教学科研实训场地软硬件建设，引进和培养专业高技能人才，规划课程体系和教学内容，专业群建成每届不少于两个班级的新型学徒制培养规模。开展企业职工培训、职工技能竞赛，建设纺织服装技术研发创新平台、公共服务平台和产业共性技术攻关与成果转化中心。组织专业教师队伍参与教学科研工作。建设省级特色高水平专业群（纺织品设计、服装与服饰设计）。沿着"一带一路"国家重大战略，推动和国内外产业链上下游企业、科研院所和知名大学间的相互合作。

8.2.1.2 企业

负责博洋学院实训场地软硬件建设，引进优秀学生人才，总结企业经营管理经验，建立企业人才课程体系。共同举办新型学徒制。负责配备博洋学院中的企业师资，参与专业规划、教学设计、课程设置、实习实训等，将企业真实项目需求融入人才培养中，优化博洋学院专业课程体系。共建生产性实训基地，让学生到企业开展实习实训，形成制度化机制以及校企双方合作的考评体系；负责带动产业链上下游企业参与校企合作，并推荐企业接收学生实习实训。

企业投入合作费用 1000 万元，到账账户为学校管理的教育基金会，并于协议生效之日起 10 年内到账。经费专款专用，用于双方合作项目的开展，日常开支建立预算和结算管理体系。

8.2.2 校企联合创新、校企协同育人机制

研究时尚服饰业发展趋势，主动融入区域服装服饰产业，着力优化服装与服饰专业结构，服务服装产业品牌化升级，建设校企共建专业群共享的校内外实训室、校企共享的大师名师工作室，搭建专业群课程、师资、基地、资源库等公共平台，建立专业群协同发展与行业企业融合共享机制；形成工作室制和现代学徒制的学生能力培育平台。依托育人平台，深化"三引领，三结合，三同步"人才培养模式改革。以服务引领、技艺引领和就业引领的

基本理念和指导思想，以产教融合为主线，实现人才培养目标与行业企业需求相结合、教学与生产实际相结合、学习与工作过程相结合，形成实训与生产同步开展、课程与证书同步考核、技能与素质同步的绩效特色。

同时构建多元教育生态环境，形成复合型人才培养产教融合响应机制。组建由行业、企业、院校专家组成的专业委员会，并在行业、企业与院校专家指导下，对接产业相关岗位群，引入企业人才储备项目，建立开放、生动，更具自主性、创新性的职业教育生态环境，使多元化企业资源融入教学，实现快速响应服装产业多元发展需求，拓宽学生就业通道，提高学生职业适应性。

8.2.3 共同确定人才培养目标定位

联合宁波博洋服饰集团建设和实践新型产教融合、人才共育模式，针对多家子品牌对于服装数字化设计、服装新零售相关关键技能岗位急需人才的不同需求，培养一批深受企业文化浸染、职业素养熏陶，具有良好的职业道德、职业态度、职业规范、职业行为和自我提升的高素质技能定制人才，满足学校教育和多品牌不同需求的无缝对接。

树立"人才导向、多方协同、互利共赢"复合型人才培养理念，紧跟服装产业发展，动态对标服装行业数字化设计的新方法、智能制造技术、新零售的新业态对服装数字化人才的新要求，通过学科交叉、企业协同、多方共赢的方式，重构课程体系，构筑服装专业群人才培养体系，培养具备较强知识、技能、素养三位一体的高素质高技能人才，实现学生、学校、企业三方共赢。

8.2.4 联合研制人才培养方案

遵循校企合作共赢、职责共担、一体化联合培养的原则，由博洋服饰集团各子品牌提出岗位用人的需求标准，组建包含行业、企业、学校三方构成的产教融合专业委员会，按照校企导师培养的教学要求，高职教育人才培养的基本规律和学生的认知规律，校企导师共同制订人才培养系列教学方案。

根据《浙江省高校课堂教学创新行动计划》全面减少必修课，增加选修课和企业开设课程，给学生更多的选课权和学习的机会。根据社会岗位和职业能力需要，建立课程定期调整和完善制度，促进课程及教材与时俱进。围绕学生素质、学业质量、职业发展、终身学习要求，科学制订和完善专业人才培养质量标准和人才培养方案。同时，完善实践教学标准，切实提高实践教学学分比例，增加实践教学比重，加强实践教学的指导和管理，深化实践教学方法改革，着力培养学生的创新精神和实践能力。

8.2.5 共同构建专业核心课程体系

在服装产业数字化升级背景下，及时掌握服装产业数字化最新发展动态以及关注岗位内容、岗位要求和职业晋升特点，围绕人才培养目标，在专业委员会的指导和参与下，校企导师从基于岗位的职业能力分析入手，建立博洋服饰集团旗下各品牌岗位工作任务对劳动者素质与技术技能的基本要求分析表，结合服装助理设计师、服装 3D 设计职业等级标准、1+X 陈列设计资格证书考试要求和学生个人职业发展的需求，开发专业课程分模块教学内容；按照博洋集团旗下各品牌典型工作任务，聚焦专业发展需求和学生个性化特点，搭建"基础共享化—专项模块化—综合项目实战化"的课程体系，如图 8-3 所示。基于产业技术数字化发展，提升服装数字化人才规格定位，对

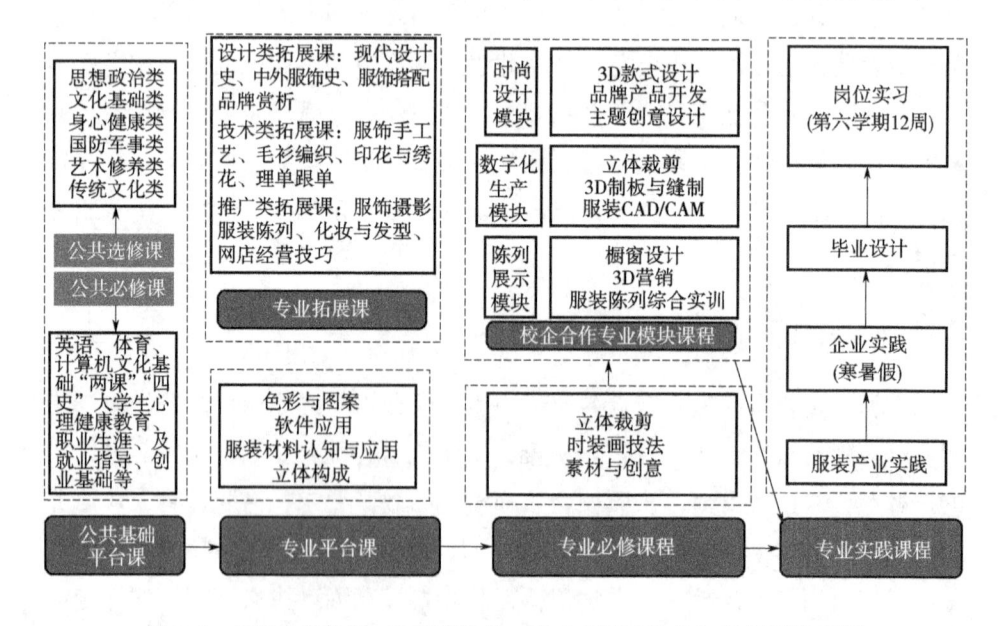

图 8-3 "基础共享化—专项模块化—综合项目实战化"的课程体系图

接 1+X 证书制度试点，重构"宽口径、厚基础"的数字化服装服饰设计与新零售课程体系。聚焦 3D 设计、3D 缝制与工艺、3D 陈列等数字化项目开发、虚拟仿真教学、智造生产模拟等课改研究探索新教法，创新时尚设计、数字化设计、陈列展示三方向的模块化教学模式。做好课程总体设计和教学组织实施，"传、帮、带"、集体备课，规范教案，建设在线课程，积极参加职业教育教学能力比赛。

8.2.6 联合开发课程教学资源

围绕数字化服装设计、智能制造等时尚核心岗位对人才的需求，集聚虚拟仿真设计和智能技术，校企联合开发课程教学资源，满足服装专业群实践教学需要。

建设优质数字化教学资源库，建设多门专业线上课程。建设配套对应的实训课程数字化教学资源。建设自主知识产权的服装 3D 虚拟设计数字化面料资源库及 3D 服装造型及陈列道具资源库等数字化教学资源。建设"服装陈列技艺""橱窗设计""裙装立体裁剪与 3D 试衣""服装 3D 建模与虚拟设计"等四门覆盖数字化服饰设计、服装陈列的专业在线开放课程。加大紧密型校企合作，加快职证融通、新业态资源开发建设力度，开发信息化元素高的新型活页式、工作手册的新形态教材。

建设"在线设计服务+直播+高端培训"的产教互动项目，提升数字资源的交互性和传播力。面向社会人士和企业客户提供数字服饰设计、时尚资源分享的在线服务。同时，基于资源库建设平台，尝试推出服装数字化课程教学的视频直播活动，吸引广大粉丝资源，扩大用户量，提升资源库的交互性和传播力。

8.2.7 创新教学组织形式

改革人才培养模式，实现学生知识、能力、素养融合进阶式发展关注学生知识、能力、素养三位一体融合培养，从一年级到三年级，构建了从班级模拟实训、项目组轮岗学做、学徒定岗学创渐进培养的现代学徒人才培养模式。在人才培养过程中，首先进入产业认知及专业基础课程的学习和实践，启发学生明确未来职业方向；其次在教师引导下，学生根据个性化发展选择对应专业方向，进入企业的人才储备计划，并进行专门岗位技能训练，帮助学生获得专业特长，树立职业精神；最后学徒在企业通过毕业设计、岗位实习等综合实训项目融会贯通所学知识和技能，实现知识、能力和素养的全面提升。

根据《浙江省高校课堂教学创新行动计划》创新课堂教学内容、方式、方法改革的要求，积极推动小班化教学，扩大推动分层教学、任务驱动、项目化教学、案例教学等教学模式改革，实施院级课堂教学改革项目，开展公开课和优秀教师观摩课、课堂教学创新案例交流会、课堂教学师生座谈会，帮助指导教师提高教学水平；打造精品在线课堂，引入企业协同提升数字化资源建设水平。围绕课堂教学 5E 目标：efficacious（有效）、edificatory（启迪）、echoing（互动）、ecologic（生态）、excellent（卓越），从各个层面推进优质示范课堂建设，以点带面、示范引领，全面提升各专业课堂的教学质量。

围绕数字化人才目标建设创新创业型课程，实施课堂教学创新。以设计翻转课堂、创意时装设计内容、创意样板、智能制造等课堂内容和手段创新，使服装创意设计与拓展、服装项目设计与制作等核心课程精品化；服装画技法、服装 CAD、电脑服饰绘画、色彩与图案等主干课程网络化，拓展时尚买手、服装 IE 等课程个性化，服装品牌运营、女装样板与工艺等创业创新课程品牌化。

8.2.8　创新考核评价方式

聚焦市场运行、成果转化、校企合作共赢三个方面，校企双制评价体系设计校企双招、培养培训、学习学徒、评聘结合，生产与培养过程一体运行考核制度，考核评价标准引入行业企业标准，设置校内考核评价和企业考核评价两个部分。

8.2.8.1　企业考核评价

以博洋控股应用成效为主导，设立博洋企业导师互聘考核、博洋企校双制办学考核、博洋产学协同培养、博洋技能大师工作室考核等。评价学校和师生在项目运行中双向遴选聘用、职责职能、参与决策、双导师联合培养、专业认证、业绩考核，以及企校共同制订协同培养方案，共同开发前沿技术课程与教学资源，实施生产经营过程化知行合一教学、企业文化型教学管理、学生与学徒结合行为规范、技术技能总结提炼、创新研究、师徒传承项目业绩考核。

8.2.8.2 校内考核评价

引入行业、企业标准，对接课程标准，深入实施校企参与的"评、展、鉴、赛"考核模式。根据企业岗位用人和岗位晋升的考核标准、依据弹性学制与学分管理的基本要求，校企共同制订教学管理和学生管理制度及校企双轨并行学分制度，学生在岗学习与工作期间主要由企业管理，集中学习或在校学习期间主要由学校管理。同时在"过程性评价"中，以"333"质控体系为抓手，实施教评改革。进一步深化"笔记本、速写本和工艺本"3类作业本，"静态展、动态展和微视展"3种作业展以及"教师、企业、学生"3种考评形式的"333"课堂质控体系，并结合企业满意度和学生满意度，统计分析，反馈至课堂教学，强化课堂环节把控，提升整体教与学质量。

考核流程针对实践项目全程化评价，构建"过程性评价"与"结果性评价"相结合的立体化评价体系。结果性评价主要针对评价成果和成效，进而构建包括学校、企业、用人单位在内的多元化评价主体，将过程性评价与结果性评价相结合，力求做到评价结果公平、公正。

8.2.8.3 打造双师结构教学团队

明确企业导师实践、校内教师教学的分工协作职责，进而建设校企团队协作共同体，围绕项目建设目标和学校导师实践能力培养，制定校企双导师培养与管理制度，并分层分类组建校企骨干拔尖培养、青年择优培养、专兼职教师创新培养。

(1) 推进"师资共享融合计划"，打造高水平师资队伍。积极对接行业领军专家、学者和企业技术能手，打造一支"专兼结合""优势互补"的教师团队。校外兼职教师与校内教师的融合育人，是达成教学内容和行业企业技术同步、满足产业发展不断变化对人才需求的必要条件，为学生掌握专业理论知识、基本技能及岗位实际操作知识技能起到积极推进作用。

(2) 发挥国家级时尚服饰"双师"培养基地的作用，组织国培、省培等，开展时尚设计类专业教学法、课程开发技术、虚拟仿真等信息技术应用、课程思政、专业教学标准和职业技能等级标准等研讨与培训，提升教师模块化教学综合能力。

（3）依托全国纺织服装数字化产教联盟、全国美育职教集团、宁波市纺织服装产学研技术创新联盟和博洋集团产教融合型企业，形成校企人员双向流动协作共同体，健全专业自主聘任兼职教师的办法，推动企业高层次工程技术人员、高技能人才和职业院校教师双向流动、互聘兼职。选聘企业高级技术人员担任产业导师。如图8-4所示，以潘超宇大师工作室为基础，建立校内名师工作室和教师企业工作站，提升兼职教师课程教学实践能力和信息技术应用能力。着力造就一支师德高尚、素质优良、技艺精湛、结构合理、专兼结合的高素质专业化双师教师队伍。

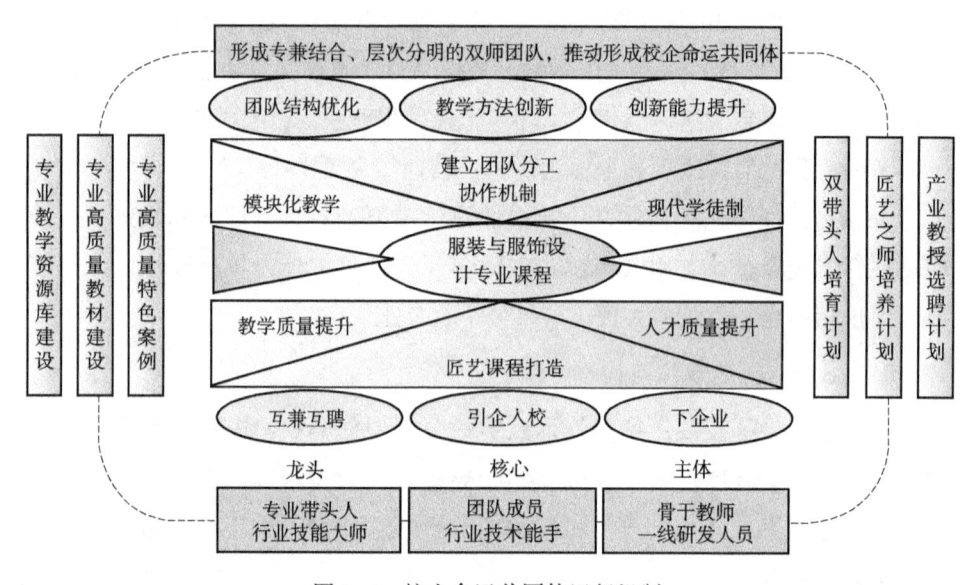

图 8-4 校企命运共同体运行机制

通过加大人才引进，加大教师技能提升培训系列活动，引入校内外教师双向挂职锻炼和互聘制度，不断优化教师专兼职队伍素质。打造一支专业结构合理、学历层次较高、素质作风过硬、实践能力较强的教学团队。

参考文献

[1] 徐平利. 从世界到中国：职业教育课程典型模式的比较和慎思[J]. 中国职业技术教育, 2021（32）：23-29.

[2] 姜丽杰, 宁永红, 巩建婷. 建国70年来我国职业教育课程模式的引进、改造及创新[J]. 职业技术教育, 2019, 40（16）：6-11.

[3] 巫海英. 德国职业教育行动导向教学模式的启示[J]. 中国多媒体与网络教学学报（中旬刊）, 2020（4）：166-167.

[4] 潘海生, 权薇. 国际劳工组织职业教育MES模式国际化研究[J]. 职业技术教育, 2020, 41（1）：73-79.

[5] 蒋乃平. 集群式模块课程的理论探索[J]. 教育与职业, 1994（11）：8-10.

[6] 崔钰婷. 工作本位学习视域下英国学位学徒制的实践路径[J]. 当代职业教育, 2022（1）：34-42.

[7] 朱惠君. CBE职业教育课程开发模式对我国职业教育的启示[J]. 职教论坛, 2015,（2）：63-65.

[8] 蒋乃平. 创业教育[J]. 中国职业技术教育, 2005（36）：1.

[9] 唐以志. 关键能力与职业教育的教学策略[J]. 职业技术教育, 2000（7）：8-11.

[10] 徐朔. 论关键能力和行动导向教学——概念发展、理论基础与教学原则[J]. 职业技术教育, 2006, 27（28）：11-14.

[11] 徐国庆. 职业能力的本质及其学习模式[J]. 职教通讯, 2007, 22（1）：24-28, 36.

[12] 徐国庆. 职业教育课程论[M]. 上海：华东师范大学出版社, 2008：45-46.

[13] 郭炯. 职业能力研究的文献综述[J]. 高等职业教育（天津职业大学学报）, 2009, 8（2）：17-20.

[14] 王春燕. 基于可持续发展教育理念的职业教育课程开发——PGSD 能力分析模型的构建及应用 [J]. 中国职业技术教育, 2019 (18): 65-70.

[15] 赵志群, 杨琳, 辜东莲. 浅论职业教育理论实践一体化课程的发展 [J]. 教育与职业, 2008 (35): 15-18.

[16] 徐国庆, 唐正玲, 郭月兰. 职业教育国家专业教学标准开发需求调研报告 [J]. 职教论坛, 2014 (34): 22-31.

[17] 李政, 徐国庆. 职业教育国家专业教学标准开发技术框架设计 [J]. 教育科学, 2016, 32 (2): 80-86.

[18] 刘文华, 徐国庆. 职业教育国家专业教学标准开发工作的组织问题研究 [J]. 职教论坛, 2014 (34): 32-37.

[19] 余明辉, 李汩辉. 职业教育专业教学标准和职业标准联动开发要素与路径分析 [J]. 职业技术教育, 2019, 40 (11): 24-29.

[20] 李坤宏. 类型教育视域下职业教育人才贯通培养的原则、问题及路径 [J]. 教育与职业, 2022 (2): 13-20. DOI: 10.13615/j.cnki.1004-3985.2022.02.002.

[21] 钱娴. 对中高职一体化专业教学标准制定的思考 [J]. 职业教育研究, 2018 (12): 60-63.

[22] 刘珽. 法美专业教学标准对我国高职艺术设计类专业的启示 [J]. 中国职业技术教育, 2021 (26): 57-64.

[23] 王一焱, 周士涵. 中高职教学过程有效衔接研究——以服装类专业为例 [J]. 辽宁丝绸, 2021, (4): 75-76.

[24] 胡成明. "三维协同"中高职一体化人才培养模式的实践探索——以宁波职业技术学院工艺美术品设计专业为例 [J]. 职教论坛, 2017 (23): 63-65.

[25] 徐国庆. 职业教育课程、教学与教师 [M]. 上海: 上海教育出版社, 2016.

[26] 吕玉玲, 陈星毅, 叶多多. 基于 CDIO 教育理念的项目化教学模式研究与实践——以福建第二轻工业学校服装设计与工艺专业为例 [J]. 职业技术教育, 2021, 42 (5): 37-42.

[27] 教育部. 关于在疫情防控期间做好普通高等学校在线教学组织与管理工

作的指导意见 [EB/OL]. 2020-02-04. 2022-04-05.

[28] 朱连才. 大学生在线学习满意度及其影响因素与提升策略研究 [J]. 国家教育行政学院学报, 2020 (5): 82-88.

[29] 刘思强. 大学课程在线教学中国有效性教学行为 [J]. 现代教育管理, 2022 (3): 66-73.

[30] MUIRHEADB. Encouraging interaction in online classes [J]. International Journal of International Journal of Instructional Technology and Distance Learning, 2004, 1 (6): 82.

[31] 屈丽娜. 自律性对学生学习的影响分析 [J]. 东华理工大学学报（社会科学版）, 2017, 36 (2): 194-196.

[32] 刘淑娴. 自律性：一个影响在线混合教学质量的关键因素 [J]. 科教论坛, 2020 (8): 63-65.

[33] 教育部等九部门. 职业教育提质培优行动计划（2020—2023年）[EB/OL]. 2020-09-23. 2022-04-05.

[34] 朱志永. 疫情防控期间线上教学存在问题及改进措施 [J]. 淮北职业技术学院学报, 2021, 20 (5): 52.